经典中国国际出版工程
China Classics International

ECO CHINA
SPONGE CITIES

生态中国
海绵城市设计

许浩 编

辽宁科学技术出版社
·沈阳·

序

改革开放以来，中国经济高速发展，城市化进程加快，过度的开发建设导致了中国的环境问题日益突出。人口压力、气候变暖与水资源总量匮乏等问题使得中国的人均水资源拥有量远低于世界平均水平，水质污染问题也较为严重。同时，由于中国特殊的地理气候条件，导致在夏季时容易发生洪涝灾害，在春冬季则容易发生干旱。

在此背景下，于 2013 年底召开的中央城镇化工作会议上，习近平总书记提出要建设自然积存、自然渗透、自然净化的海绵城市。海绵城市是一种新型的城市规划建设理念，使城市能够像海绵一样，在适应环境变化和应对自然灾害等方面具有良好的"弹性"，下雨时吸水、蓄水、渗水、净水，需要时将蓄存的水"释放"并加以利用，提高城市生态系统的韧性，保证城市的健康运行。海绵城市能够有效改善城市生态环境，使人工城市与自然系统更加和谐，提高人类社会的可持续发展能力。

2014 年，住房与城乡建设部发布《海绵城市建设技术指南——低影响开发雨水系统构建（试行）》，随后又开展海绵城市建设试点示范工作。在各项政策措施支持下，中国的海绵城市建设稳步发展，涌现出了很多优秀的设计与营造案例。

本书以"海绵城市设计"为主题，分为城市公园绿地、城市商住空间、城市水系和湿地系统四个部分，共列举了 29 个代表性的景观建成项目。案例以海绵城市"利用自然力量排水，建设自然积存、自然渗透、自然净化"的理念为基础，采取一系列的规划设计策略，以达到改善城市生态环境，恢复生态系统多样化的目的。如金华燕尾洲公园项目中，主要采取了"与洪水为友"的弹性设计思路；长沙中航国际社区"山水间"公园项目则采用了"主动式"和"被动式"两类社区公园雨水循环利用系统，激活了使用者的参与性；宁波东部生态走廊、广佛生态之城等项目体现了建立雨水生态链，利用水生植物与乔灌木形成"小生态，大气候"等海绵城市设计策略；迁安三里河绿道、宁波甬江沿岸滨水公园、巴溪洲岛等项目主要以自然为本，利用原有的地形、高差，引导雨水排放，将城市土地开发、休闲需求和生态环境建设有机结合，提供多样化生态环境；湿地的保护与建设是海绵城市建设的重要内容，哈尔滨群力雨洪公园、东营市鸣翠湖、微山湖湿地公园等项目主要运用了自然湿地净化、人工湿地净化、雨水收集、人工浮岛等技术来达到雨水调蓄、污水净化与原生栖息地的修复。

可持续发展目标下，"与自然共生"是城市开发建设必须遵循的理念。海绵城市设计为海绵城市建设目标提供了一系列技术方法。对于发展中国家而言，快速的城市化进程所带来的环境恶化，亟须这样一种生态的城市设计模式来解决一系列的环境问题。本书所列举的海绵城市设计案例，其中所运用的景观技术、设计思路、管理策略等皆为城市可持续发展提供了宝贵的经验，也是对"自然共生"理念的最好回应。

许浩：男，博士，南京林业大学风景园林学院教授、博士生导师，风景园林历史与理论研究所所长。主要研究领域：景观规划设计研究、绿地系统与城乡生态环境、3S空间技术分析应用、景观环境与园林史。出版专著六部，主持数十项城乡规划设计、环境设计、绿地系统规划项目，两次获得中国建筑学会主办的全国性设计竞赛金奖。

目 录

城市公园绿地

项目地点：浙江省，金华市
设计单位：土人设计 (Turenscape)
首席设计师：俞孔坚
委 托 方：金华市规划局
面积：26 公顷
摄影：土人设计

金华燕尾洲公园

简介

通过一个实验性工程，探索了如何通过设计，实现景观的生态、社会和文化的弹性。重点探索了如何与洪水为友，建立适应性防洪堤、适应性植被和百分之百的透水铺装的设计，来实现景观的生态弹性；适应于多方向人流的步行和桥梁系统，建立社区纽带。灵动的流线设计语言，将场地上的原有流线型建筑、季节性的水流和川流不息的人流有机地编织在一起，融解场地，解决了瞬时人流和日常休闲空间的使用矛盾，创造了富有弹性的体验空间和社会交往空间，实现了景观的社会弹性；设计从当地富有历史和文化意味的"板凳龙"传统舞龙习俗中获得灵感，设计了一条富有动感、与洪水相适应的步行桥，将被河流分割的两岸城市联结在一起，并使河漫滩变成富有弹性的可使用景观，形成了被称为金华市最富有诗意的景观，将断裂的文脉联结起来，强化了地域文化的认同感和归属感，实现了景观的文化弹性。

挑战与目标

在隔江相望的城市包围下，燕尾洲已经成为金华这一具有 100 万人口的繁华都市中，唯一尚有自然蒹葭和枫杨的芳洲。义乌江和武义江在此交汇而成婺江（金华江）。洲的大部分土地已经被开发为金华市的文化中心，现建有中国婺剧院，为曲线异型建筑，洲的两侧堤岸分别是密集的城市居民区和滨江公园，但由于开阔的江面阻隔，市民难以到达和使用洲上的文化设施。留下的洲头共 26 公顷的河漫滩，其中部分因采砂留下坑凹和石堆，地形破碎，另一部分尚存茂密植被和湿地，受季风性气候影响，每年受水淹没，形成了以杨树、枫杨为优势种的群落，是金华市中心唯一留存的河漫滩生境，为多种鸟类和生物提供庇护，包括当地具有标志意义的白鹭。

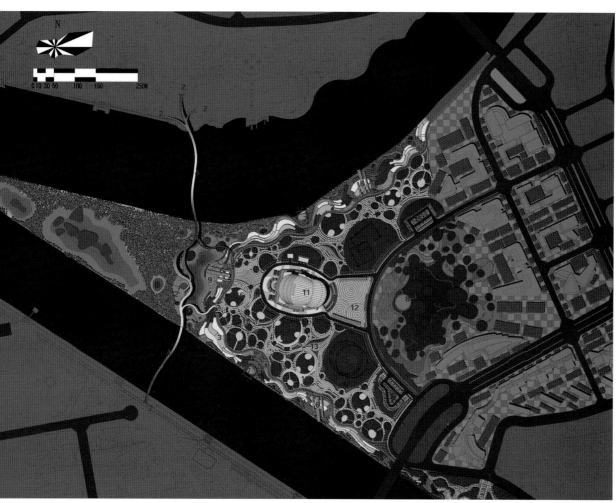

弹性景观总平面图:
1. 车行入口
2. 人行入口
3. 梯地式防洪堤
4. 景观步行桥
5. 栈道
6. 观景平台
7. 游船码头
8. 户外舞台
9. 置石广场
10. 湿地保护区
11. 婺剧院
12. 前广场
13. 卫生间及服务建筑
14. 内湖
15. 生态停车场
16. 生态铺装
17. 生态雨水收集区
18. 坐凳
19. 青少年宫场地
20. 科技馆场地

因此，设计面临四大挑战：1. 如何在提供市民使用的同时，保护这城市中心仅有的河漫滩生境，给稠密的城市留下一片彼岸方舟？ 2. 如何应对洪水，是高堤防洪建一处永无水患的公园，还是与洪水为友，建立一个与洪水相适应的水弹性景观？ 3. 如何处理与现有的异型建筑体和场地的关系，形成和谐统一的景观整体？ 4. 如何联结城市南北，给市民提供方便使用的公共空间，并强化城市的社会与文化认同感？

弹性设计策略

1. 保护自然与修复生态的适应性设计

由于长期采砂，造成场地坑洼不平，地形破碎。针对这一特点，设计通过最少的工程手段，保留原有植被；在原有坑塘和高地基础上，稍加整理，形成滩、塘、沼、岛、林等生境，以便培育丰富的植被景观。在此基础上，结合各类生境的特点进行植被群落设计，重点补充能优化水质的水生藻类、沉水、浮水植物，能为鸟类和其他动物提供食物的浆果类植物以及具有季相变化的乡土树种等。由此，完善和丰富了场地中的植被和生物多样性。

2. 与水为友的弹性设计

地处中国东部亚热带地区，金华受强烈的海洋季风性气候的影响，旱、雨季分明，雨季常受洪水之扰。同时，为了争取更多的便宜土地进行城市建设，大量河漫滩被围建开发。两江沿岸筑起了水泥高堤以御洪水，隔断了人与江、城与江、植物与江水的联系。同时，江面缩窄，也使洪水的破坏力更加强大。为保护沙洲不被淹没，当地水利部门已经在燕尾洲的部分地段，分别修建了 20 年一遇和 50 年一遇的两道防洪堤，破坏了沙洲公园的亲水性。本设计不但将尚没有被防洪高堤围合的洲头设计为可淹没区，同时，将公园范围内的防洪硬岸砸掉，应用填挖方就地平衡原理，将河岸改造为多级可淹没的梯田种植带，不但增加了河道的行洪断面，减缓了水流的速度，缓解了对岸城市一侧的防洪压力，提高了公园邻水界面的亲水性。梯田上广植适应于季节性洪涝的乡土植被，梯田挡墙为可进入的步行道网络，使滨江水岸成为生机勃勃、兼具休憩和防洪功能的美丽景观。每年的洪水为梯田上多年生蒿草带来充足的沙土、水分和养分，使其能茂盛地繁衍和生长，且不需要任何施肥和灌溉。梯田河岸同时将来自陆地的面源污染和雨洪滞蓄和过滤，避免对河道造成污染。本项目尽管只有一段微不足道的生态防洪区域，但可作为婺江流域河道防洪设计的样板，供借鉴和推广。

除了水弹性的河岸设计外，场地内部也采用百分之百的可下渗覆盖，包括大面积的沙粒铺装作为人流的活动场所，与种植结合的泡状雨水收集池，和用于车辆交通的透水混凝土道路铺装和生态停车场，实现了全场地范围内的水弹性设计。

3. 连接城市与自然、历史与未来的弹性步桥

横跨三江六岸的富有弹性和动感的步行桥，联结城市的南北两大组团，以及城市与江洲公园。步行桥的设计以金华当地民俗文化中的"板凳龙"作为灵感来源。这是金华当地特有的春节龙舞，每家每户搬出自己的板凳，联结在一起形成一条长龙，敲锣打鼓蜿蜒在田埂上，全村老少喜气洋洋地跟在其后。"板凳龙"不仅仅是一种狂欢的舞蹈，更是社区和家族的纽带，它灵活机动，编织起文化与社会的认同。彩桥因地势盘旋扭转，富有弹性，结合缓坡设计巧妙化解竖向高差；其中联结城南城北的主要桥体在 200 年一遇的洪水范围之上，以保证在特大洪水时都能通行，而其中与燕尾洲公园连接的部分，则可以在 20 年一遇的洪水中淹没，以适应洪水对沙洲湿地的短时淹没。步行桥飘忽燕尾洲洲头的植被之上，使游客能在城市之中近距离触摸到真实的自然。色彩上用具有民俗特征和喜庆炽烈的红黄交替，同时结合晚间灯光和照明功能，流畅绚丽、便捷轻盈。桥梁总长 700 多米，其中跨越义乌江、武义江段分别为 210 米和 180 米。步行桥全线采用钢箱结构，桥梁主线宽 5 米，匝道宽 4 米，桥面采用环保材料竹木铺设，发光栏杆则选用了新型的透光玻璃钢材料。这座桥的建成大大缩短了城南城北的步行交通距离，并将两岸绿廊和多个公园串联成为一体。步行桥已被正式命名为"八咏桥"，以纪念历史上咏叹金华四周景观的八首诗歌。无论从其对水的适应弹性，还是对来自各个方向的人流疏导及使用强度的适应性，还是其作为联结城市与自然、历史与未来的黏结性，"八咏桥"都可称之为一座富有弹性的桥。而徜徉在飘舞的"八咏桥"上，看金华城市及四周的连绵山峦，蜿蜒而来的河流与川流不息的人，诗意油然而生。难怪当地市民称其"最富有诗意的桥"。

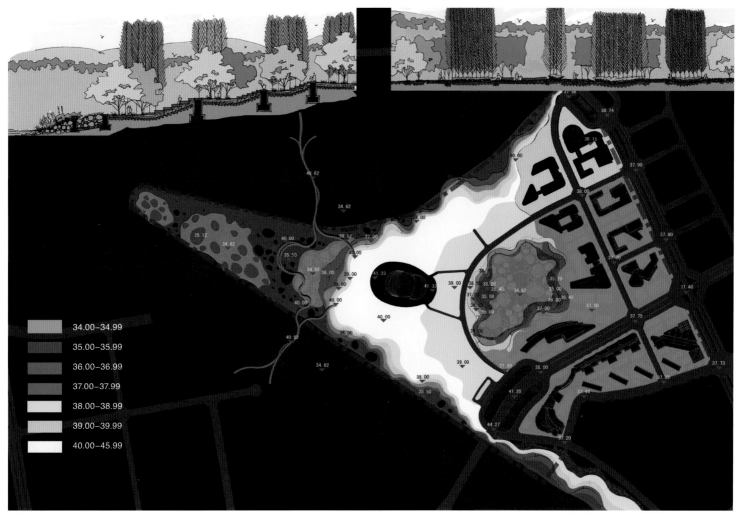

34.00-34.99
35.00-35.99
36.00-36.99
37.00-37.99
38.00-38.99
39.00-39.99
40.00-45.99

适应于洪水的场地标高设计

4. 动感流线编织的弹性体验空间

圆弧形的大型建筑（金华婺剧院）给场地空间和形态设计提出了挑战，包括如何创造弹性空间同时满足瞬时集散和平时游人的空间需求和体验，如何形成宜人的环境，将游憩空间、防洪及巨型建筑与江岸的关系都包容其中等。本设计在形式语言上大胆应用了流线，包括河岸梯田和流线型的种植带，流线型的地面铺装，流线型的道路和空中步道和跨河步行桥。在流线的铺装纹理基底上，分布圆弧形的种植池，里面种满水杉或竹丛，色彩鲜艳的圆弧形座椅作为边界。这些圆形种植区是场地雨水的收集区，如雨滴落在水面上泛起的圆形水波。这些流线与圆弧形线条和形体既是将建筑与环境统一起来的语言表达，更是水流、人流和物体势能的动感体现，形式与内容达到了统一，环境与物体得以和谐共融，形成了极富动感的体验空间。

结论

经过两年的设计和施工，燕尾洲公园获得了巨大的成功。2014年5月开园后，万人空巷，游人如织。据安装在步行桥头的进出口自动计数器显示，步行桥的日使用人数平均达4万余人次。当地媒体惊呼"一座城市为一座桥而发狂"。目前，燕尾洲公园已经成为金华市的一张新名片。

项目地点：浙江省，衢州市
设计单位：土人设计 (Turenscape)
首席设计师：俞孔坚
设计团队成员：
刘玉杰、鲁晓静、高正敏、潘克宁、梅荣华、
高雨薇、司倞、彭自新、于绍燕、李丛之、张
英武、余道洋、赵苏、秦玥、张奕勤、张瑞霞、
李森、马佳玲、刘燕玲、游雪慢、贾海鹏、李耿、
邹志富、王杰、宁维晶、谢启发、肖涵、雷嘉、
马鹏宇、李淑芬、张晋峰、赵梓瑜、孟楠、桑雅、
王兴大、翟晨、蔡颖
委 托 方：衢州市基础设施投资有限责任公司
面积：32 公顷
摄影：土人设计

衢州鹿鸣公园

衢州鹿鸣公园位于衢州市西区石梁溪西岸，处于拥有 250 万人口的衢州市的新城中心（商业、行政中心）之核心
地段，是高密度城市建筑之中的一片"绿洲"。设计师将具有生产性的农业景观与低维护的乡土植物融于景观设
计之中，创造出一个丰产而美丽的城市公园。一系列漂浮于植被和溪水之上的步行道、栈桥和亭台等构成一个游
憩网络，让人悠游于山水自然之中，而又不给自然过程造成过度的干扰。城市遗弃地由此转变成丰产而美丽的景观，
同时保留了场地的生态特色与文化遗产。通过探索人工建设与自然元素的平衡，实现人与自然的和谐共生。

场地特征与挑战

衢州市拥有超过 1800 年的悠久历史，曾因位于中国东海岸的重要战略位置而著称于世。在二战期间，美军在
1942 年 4 月 18 日实施了针对东京的空袭计划（Doolittle Raid），而衢州小机场曾被计划作为美轰炸机完成任务
后的降落地。

整个公园占地约 32 公顷，被高强度开发的城镇所环绕，西临石梁溪，东临城市交通要道。现场地形复杂，有高
地的红砂岩丘陵地貌、河滩沙洲，还有平坦的农田、灌丛和荒草，沿河岸有枫杨林带。场地中还分布着一些乡土
景观遗产，如乡间卵石驿道和凉亭，灌溉用的水渠和提水站。此外，场地中一处红砂岩丘陵临水，与河面的最大
高差有近 20 米。在当下的中国城镇化过程中，此类场地被视为杂乱丑陋而毫无价值，历史文化遗产价值更无从
谈起。面对此类场地，为了简化设计施工过程，便于修建道路、安装给排水系统等基础设施，最惯常的工程处理
方式便是粗暴的铲平。

设计师被委托将公园打造成集休闲、运动、游乐为一体的城市综合型滨水公园。设计探索新的景观理念，让城市公园不仅仅是绿色公共空间，同时作为生态基础设施为整个城市提供生态系统服务。从宏观来讲，该项目旨在应对当下的危机，包括气候变化、食品安全、能源安全、水资源短缺等问题，同时又让景观具备生产性和低维护性的景观新美学。项目中运用的理念包括"与洪水为友""都市农业""最小干预"等，在利用山水格局和自然植被的基础上，通过"覆被"（Quiting）和利用栈道及游憩网络来"框架"(Framing) 山水和植被，来实现景观的改造。

设计理念与策略

景观的"覆被"策略主要表现在以下 5 个方面：

（1）保留乡土景观本底。场地原有的景观基地及自然生境完整保留。红砂岩体、自然植被（包括野草和灌丛）、原有的农田水系、原有的河岸树木等均完整保留。场地的文化景观遗址，如驿道凉亭、灌溉设施也都完整地保存下来，并对它们进行修复作为场地的文化记忆。这些自然和文化特色为景观创造出丰富的意义和特质，多层次的设计语言被巧妙融入其中。

（2）丰产而富变化的都市田园。在保留原有地植被的基础之上，废弃地上引植的生产性作物，四季轮作：春天是油菜花，夏季和秋季是向日葵，以及早冬的荞麦，并轮作了绚丽的草本野花。草甸上一片片低维护的野菊花是很好的中药材料。同时，还有两处大草坪供人们露营、运动、儿童嬉戏等各类活动的开展。丰产而美丽的植物设计，吸引着人们在不同的季节到园中举行丰富多彩的活动；四季的绿草花香也融入了市民们的日常生活。

（3）与水为友的绿色海绵。场地内原有的自然地表径流系统完全保留，并设计了一系列生态滞水泡子，截留场地内的雨水，滋润场地土壤，且园内所有的铺装皆为可渗透铺装。原有的和正在建设的水泥堤岸被全部取消和拆除，还自然河道以自然的形态。水上漂浮的栈道让游客可以近距离观赏原本易被忽略的特色红砂岩山壁。园中的凉亭也采用了水适应性的弹性设计，高架于洪水淹没线之上。

（4）山水之上的体验框架。通过栈桥、步道系统及多处亭台，组成环形的游览网络，为游客创造了丰富的景观游赏体验。场地中遗留下的凉亭，原是为田间劳作的农人提供午餐和休憩的地方，为公园的凉亭的设计带来启发，使它们带有乡土特征。此外，整套步道网络飘浮于斑斓的景观之上，一步一景，成功地将生产性植被和绚丽自然风光，转变成游客可直观体验的多层次的互动游赏。

（5）环境解说系统讲述场地故事。沿着人的体验系统，设计了一个完整的解说系统，讲述着场地自然与人文的故事。

结论

该公园自建成之后，成为当地居民极为喜爱的休闲游憩场所，也成为衢州市的新名片。鹿鸣公园由此转变成活力热闹的城市绿洲，为市民丰富多彩的活动提供了理想场所。公园内季节性的绚丽花甸，在社交媒体的传播下，吸引了大量的市民来此聚集，也提醒了在城市奔忙的人们对四季变换的意识，重温已渐模糊的故土的记忆（中国城镇人口的80％，在二三十年前，均生活在农村地区）。在风和日丽的日子里，园内景色尤为动人：繁茂的花草之上、高架的凉亭里是欢快嬉戏的孩子们；少年少女们则在花海中甜蜜地互诉衷肠；新婚燕尔在田野里盛装摄影留念；父母带着幼子漫步，耄耋夫妇相扶于廊桥之上，眺望正拔地而起的高楼大厦。层层田地，绵延至溪边，种植着丰产而又美丽的作物，为稠密的城市提供清新怡人的绿色空间。精心设计的步道系统将自然景色一一框景入画，为人们展现着这片土地的历史和故事，憧憬着更美好的未来。

项目地点：湖南省，长沙市

景观设计：张唐景观

设计团队成员：张东、唐子颖、周啸、张亚男、
赵桦、郑佳林、刘洪超、蔡孙喜、刘昕、姜雪婷、
王墨、姚瑜、林佩勳、陈逸帆、张卿、秦姝晗、
王晨

互动装置设计：张唐艺术工作室

雨洪顾问：王墨

水生态系统修复与水污染控制：上海太和水环
境科技发展有限公司

照明设计：北京周红亮照明设计有限公司

业主：中航里城有限公司

面积：1.4 公顷

摄影：张海

长沙中航国际社区"山水间"社区公园

简介

"山水间"社区公园是一个典型的中国高密度社区里的公共绿地，它的四周被超高层住宅包围，将会为新搬迁来
的几千名住户提供室外活动的空间。公园面积只有1.4公顷，但是要满足各类人群的不同使用需求。场地本身标
高比四周低，而且有大片的原有山林和一个池塘。设计方案在尽量保护植被和满足人们使用要求的基础上，巧妙
地将雨洪管理系统融入场地，在使用生态手段处理雨洪的同时，使人们可以与这个系统进行互动，在玩耍的同时，
学习与雨洪相关的知识。此外，方案还将"大昆虫"的主题引入儿童活动区，设计并制作了各种以昆虫形态为灵
感的互动雕塑和游乐设施，让前来玩耍的孩子们留下美好的回忆。

雨洪管理系统简介

"山水间"社区公园雨水循环利用系统包括"主动式"和"被动式"两类循环系统。本案中"被动式"循环系统
通过地下蓄水设施收集来自集水范围的地表径流，进而依次流入雨水花园和滞留池，最后再通过循环设施使径流
循环流动。同时，设计方创造性运用了激活"参与性"的"主动式"循环系统，通过参与者手动使用"阿基米德"
取水器对滞留池和雨水花园之间实现水量输送。

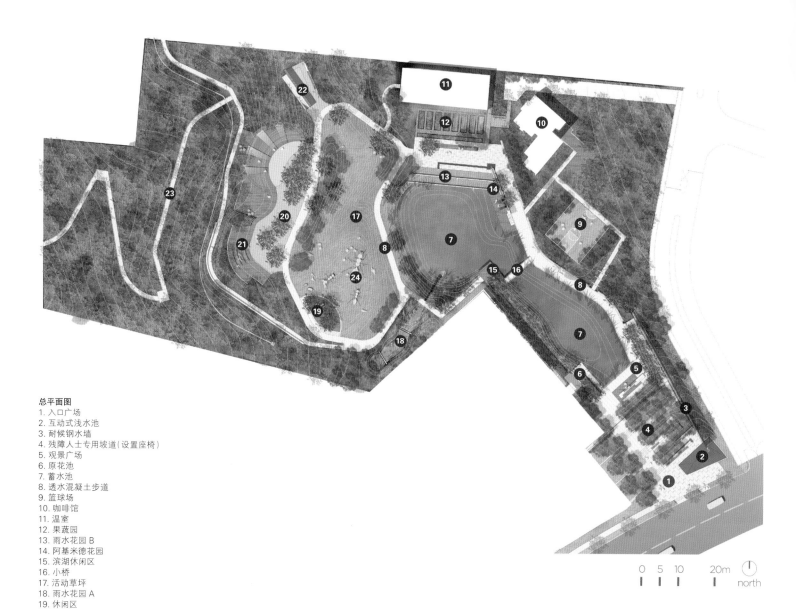

总平面图
1. 入口广场
2. 互动式浅水池
3. 耐候钢水墙
4. 残障人士专用坡道（设置座椅）
5. 观景广场
6. 原花池
7. 蓄水池
8. 透水混凝土步道
9. 篮球场
10. 咖啡馆
11. 温室
12. 果蔬园
13. 雨水花园 B
14. 阿基米德花园
15. 滨湖休闲区
16. 小桥
17. 活动草坪
18. 雨水花园 A
19. 休闲区
20. 游乐区
21. 木板
22. 攀爬墙
23. 林间小路
24. 巨型蚂蚁雕塑

0 5 10 20m
north

首先，鱼塘被改造为一个生态滞留池，池内种植多种具有根系净化功能的水生植物，从而达到净化水体的目的。

其次，在山脚处设置集水沟，将山体上的地表径流收集到一个蓄水池中，蓄水池中的雨水溢流入雨水花园 A 进行净化，并最终流入生态滞留池。

再次，在阿基米德花园中设置了螺旋形取水器，滞留池中的雨水可以被抽到观察水渠中，并最终进入雨水花园 B 中进行另一次净化。水被抽起和流经观察水渠的过程与人产生了互动，达到了使人们近距离参与雨洪管理的目的。

最后，在生态滞留池尽端的蓄水池可以储存从水池中溢流出的雨水，在旱季需要给生态滞留池补水时，蓄水池中的存水会被水泵打入山脚下方的蓄水池，进行净水和补水的过程。

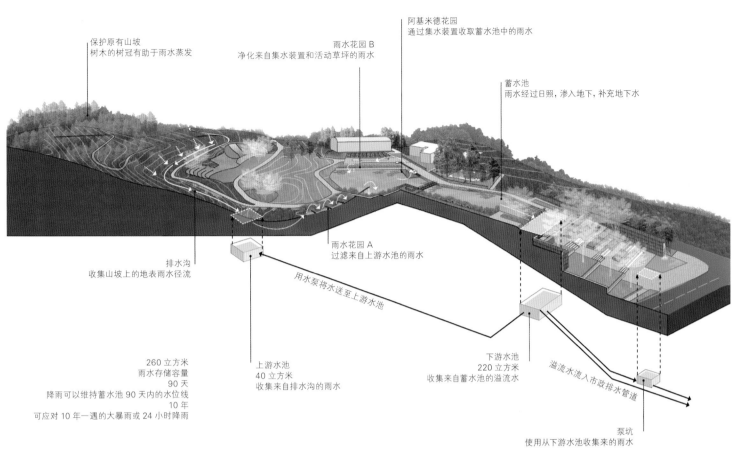

保护原有山坡
树木的树冠有助于雨水蒸发

阿基米德花园
通过集水装置收取蓄水池中的雨水

雨水花园 B
净化来自集水装置和活动草坪的雨水

蓄水池
雨水经过日照，渗入地下，补充地下水

排水沟
收集山坡上的地表雨水径流

雨水花园 A
过滤来自上游水池的雨水

用水泵将水送至上游水池

260 立方米
雨水存储容量
90 天
降雨可以维持蓄水池 90 天内的水位线
10 年
可应对 10 年一遇的大暴雨或 24 小时降雨

上游水池
40 立方米
收集来自排水沟的雨水

下游水池
220 立方米
收集来自蓄水池的溢流水

溢流水流入市政排水管道

泵坑
使用从下游水池收集来的雨水

雨水处理示意图

项目地点： 安徽省，淮北市

设计单位： 清华同衡规划设计院有限公司

主创设计师： 吴祥艳、王成业、任洁

设计团队： 吴祥艳、张传奇、王成业、任洁、
张洁、王晓阳、安友丰、焦秦、高宇星、马越、
胡浩、何苗、郭国文、曹然、刘悦、孙建宇、
李伟、陈吉妮、刘欣婷、李慧珍

面积： 492 公顷

摄影： 孙国栋

淮北南湖公园

项目位于淮北市东南部烈山区，占地面积 492 公顷，是城市中心区系列塌陷湖泊的转折点。该项目旨在以南湖改造为龙头，通过对近四十年"沉寂"的塌陷湖区进行景观更新，疏浚并沟通水系，形成系列蓄水湖塘，湖边建构各种类型的湿地，构成淮北市区的蓝绿海绵体，吸纳并蓄积雨水；同时，沿湖拓展城市公共休闲空间，激活并带动周边土地价值的提升，最终实现淮北市由煤炭工业城市向环境友好的旅游城市转型。经过近四年的设计和施工建设，南湖公园已粗具规模，湖畔植物丰富多彩，滨水道路和广场畅达，亭榭掩映，环境优雅，业已成为淮北市民休闲娱乐的重要场所。

项目挑战

首先，改造前的基地以塌陷主湖为核心，外围为塌陷坑塘，多数作为养鱼池使用，彼此间缺少沟通，水质不断恶化，水生态环境遭到破坏；其次，主湖北部区域尚未稳沉，后续仍将存在 0.01~2.5 米的塌陷，这一地质条件影响整个景区的布局以及建设、实施、使用全过程的安全性；此外，驳岸生硬、亲水受限。塌陷而成的现状驳岸多为断崖式，竖向高差均在 2 米以上，加之自然风浪淘蚀，岸体很不稳定，游人根本无法接近水体；再次，植被单一、景观单调。塌陷湖周边撂荒地植被种类单一，缺少层次。乔木数量少，绿化覆盖率低，生态效益差。最后，系统欠缺、设施缺乏。出入口及园路系统极其不完善，服务、休憩设施缺乏，无法满足市民日常休闲的基本要求。

设计策略

1. 通津活水，构建塌陷湖与外围河道有机联系的生态基础设施网络。最大限度地保护现有水网结构，将主湖与外围分散的坑塘进行联结，并与外围水系连通，保证景区内部水系循环补给、排放以及持续的景观效果。公园建设中充分融入海绵城市设计理念，园内主要园路、停车场均采用生态透水铺装，公园内设置下凹式绿地、生态草沟、雨水渗井等雨水收集设施，进行自然雨水的滞、蓄等，通过大湖周边的湿地坑塘以及露地上的雨水花园等设施对雨水进行净化，建成后的南湖成为一个雨水收集与涵养的生态蓄水池，一方面能够为公园内植物灌溉提供水源，另一方面也为缓解城市暴雨的压力、净化水质做出贡献。

2. 因地制宜，安全为先。根据塌陷区地质条件合理布局全园景观空间。北部湖区尚未稳沉，且湿地坑塘丰富，规划作为湿地保护恢复区，以植物培育、水陆生物栖息地塑造为主，尽量减少人工活动场地及设施。南部、东西部稳沉区合理安排亲水、戏水空间，满足市民休闲娱乐需求。对大部分驳岸进行消坡处理，将原始垂直断崖式驳岸改造为缓坡入水木桩驳岸或叠石驳岸，保证亲水活动的安全，同时，丰富水体形态及植物景观。

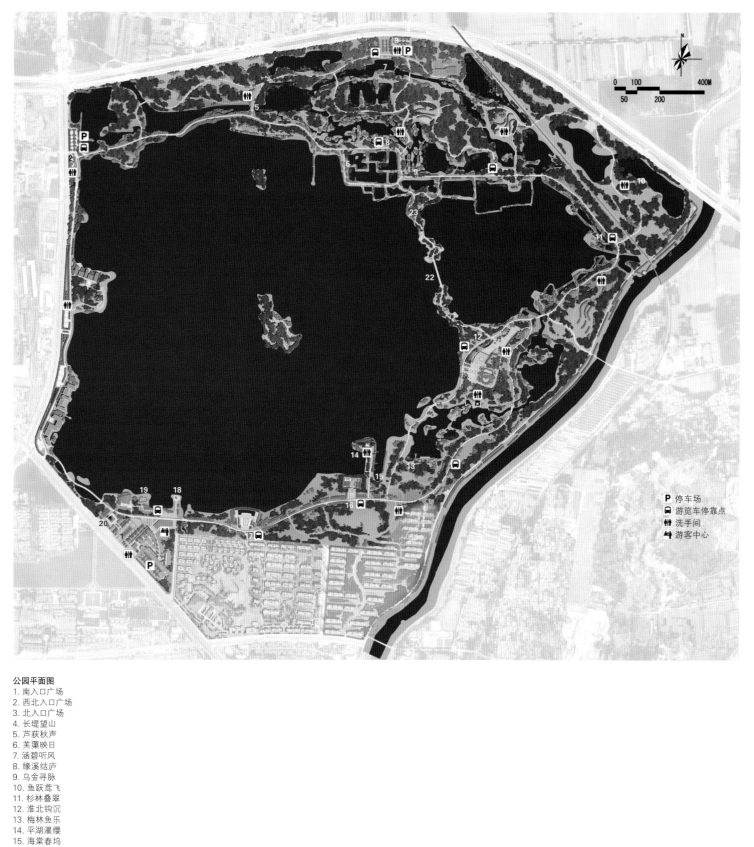

公园平面图

1. 南入口广场
2. 西北入口广场
3. 北入口广场
4. 长堤望山
5. 芦荻秋声
6. 芙蕖映日
7. 涵碧听风
8. 缘溪结庐
9. 乌金寻脉
10. 鱼跃鸢飞
11. 杉林叠翠
12. 淮北钩沉
13. 梅林鱼乐
14. 平湖灌缨
15. 海棠春坞
16. 槐荫燕影（市民广场）
17. 烁玉流金
18. 湖山一览
19. 南湖佳境
20. 天人合欢
21. 青萍漾月
22. 虹桥烟雨
23. 松云樱霞

P　停车场
🚌　游览车停靠点
🚻　洗手间
♿　游客中心

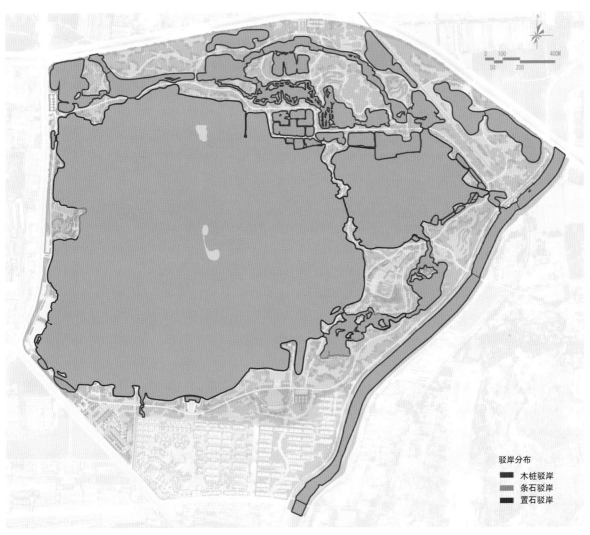

驳岸分布
木桩驳岸
条石驳岸
置石驳岸

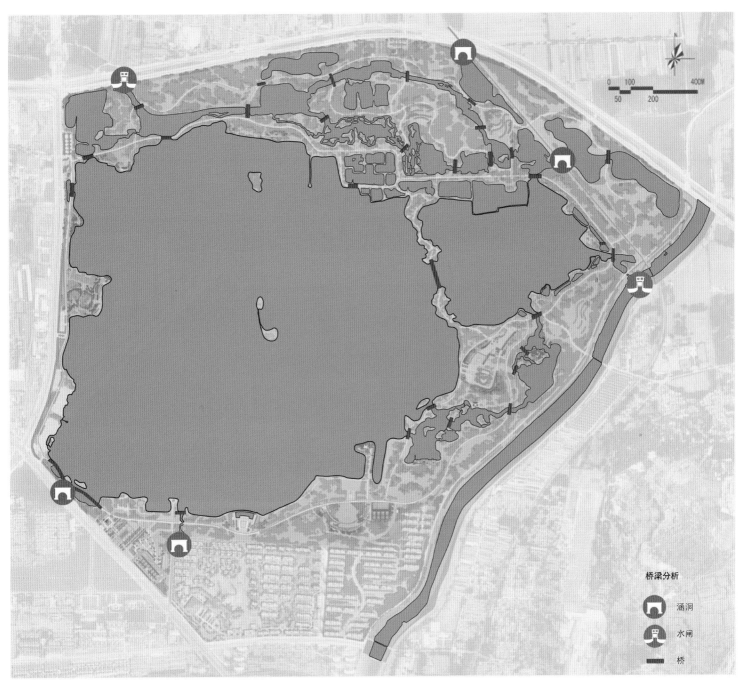

桥梁分析

⬭ 涵洞

⬭ 水闸

▬ 桥

湿地保护恢复区

城市活力区

功能分区

水系沟通与远期水源补给

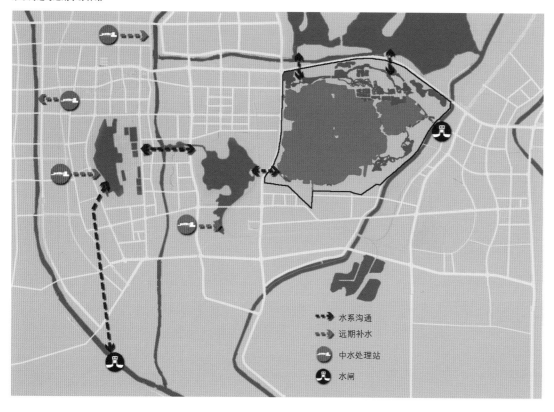

水系沟通
远期补水
中水处理站
水闸

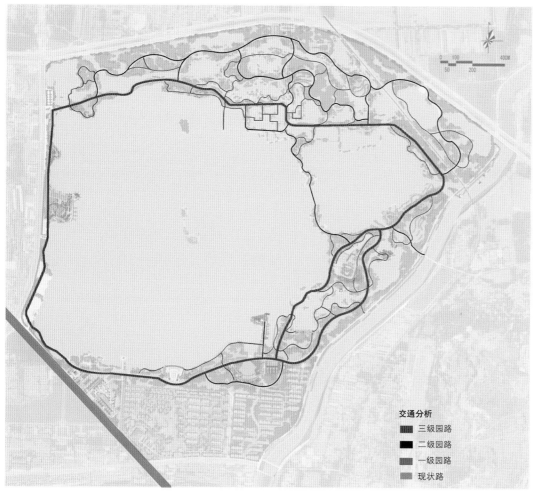

交通分析
三级园路
二级园路
一级园路
现状路

3. 铺翠湖滨，丰富物种。充分保护和利用场地现有植物，大量采用乡土树种，丰富植物种类和层次，尤其强调水生湿生植物的运用，保证植物景观地域性以及生态效果。环湖区域，控制植物密度，留出景观视廊，保证观水的通透性。保护现状鸟岛，并在湿地区设计系列无人岛，配置苹果、山楂、海棠等各种果树，吸纳鸟类栖居。

4. 完善道路，方便游赏。基地原有主路在西南角无法实现全园贯通，需要借用一段城市道路，存在安全隐患。故在西南角湖面上搭设栈桥，实现围绕主湖的滨水绿道慢行体系，同时，丰富二三级园路系统，游客可以在水滨健走、跑步、骑行等，丰富市民生活。

项目地点：上海市
景观设计：上海魏玛景观规划设计有限公司
主持景观设计师：贺旭华
面积：10 公顷
摄影师：魏玛景观摄影

上海临港滴水湖西岛公共休闲临时绿地

本项目位于上海市浦东新区临港新城滴水湖西侧的水上绿岛，滴水湖是目前填海造陆开挖的国内最大的人工湖，项目四面环水，通过两座桥梁与陆地连接，定位为公共休闲绿地，拟将打造成 5~10 年内"上海市民休闲娱乐的新去处和新平台"。景观设计风貌以自然、生态、休闲为主，设计中体现西岛"自然""怡人"和"野趣"，是完全开放的充满郊野气息、质朴大气的绿化空间。

设计以多功能大草坪为中心，可举办大型活动，周边沿主园路集中布置功能活动点，外围场地以野趣基调为主，通过保护修整的形式提升整合郊野风貌景观。自内而外向水边过渡，形成从规整到自然、从活动到休闲、从动态到静态的环状空间结构。方案中软硬比例适度，动静活动区域分布合理，郊野与城市风貌相结合，形成宜人的、多样化的休闲景观绿地。

"海绵城市"使城市能够像海绵一样，在适应环境变化和应对自然灾害等方面具有良好的"弹性"，下雨时吸水、蓄水、渗水、净水，需要时将蓄存的水"释放"并加以利用。临港滴水湖西岛公共休闲临时绿地项目作为上海市推进"海绵城市"建设临港新城先行试点项目，在场地设计和选材上结合了海绵城市的"利用自然力量排水，建设自然积存、自然渗透、自然净化"的建设要求；充分体现了协调发展、因地制宜、经济适用、自然生态、自我发展的原则。

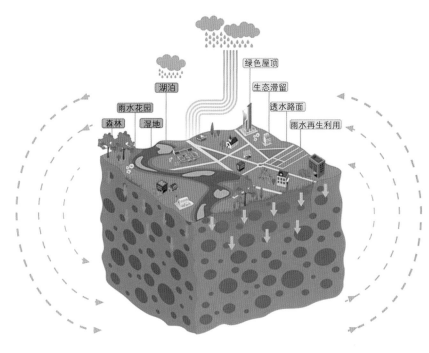

海绵城市策略

项目在场地设计中，结合海绵城市设计标准，保证透水性。广场节点铺装材质为露骨料透水混凝土，每6米由150毫米宽的植草带分隔，确保雨水能快速渗透；5.5米宽机动车道路面铺装材质为散置砾石，下面基础为透水混凝土；其他园路的铺装材质为露骨料透水混凝土和防腐木。植栽方面，由于项目场地土壤盐碱度较高，对植物的要求也较高。植物设计在充分考虑"功能性、适应性、经济性"的情况下，以"适地适树"为原则，选用耐盐碱的植物，如水杉、中山杉等植物种植，局部的地方种植香樟、夹竹桃等植物种植，并在尊重现有种植状况的基础上进行改造。

平面图

项目地点：河南省，郑州市
规划设计单位：深圳市赛瑞景观工程设计有限
公司
景观面积：7669 平方米
摄影：深圳市赛瑞景观工程设计有限公司

海马青风公园

本项目位于郑州市区第十八大街，占地面积50,843平方米，整个项目定位"绿色""环保""节能"，也是开发商"青风"系列项目的首开之作。展示区遵循场地属性，从设计本真出发。探索自然本源，回归本土文化。这是景观设计的初衷。

海马青风公园这片场地作为城市中的地块，拥有自然的本地条件和丰富的地势，这无疑带来先天的优势和挑战。如何利用现场天然的地势和高差设计回归自然的人性化空间的同时，改善原本单一的生物群落，提高生物多样性，是海马青风公园设计的主要挑战。

设计中没有改变自然的机理，通过水文和地势分析，杜绝大体量的填挖方带来对本地的干扰，而是选择小体量的微地形调整，进而形成自然的雨水径流。场地多样性成为区域划分的标准，山地、溪谷、树林、镜湖等自然生境在设计中充分展现。微型高尔夫球场缓坡设计柔化铺装和建筑与景观之间的边界，采用高度渗水的材料、可降解的高尔夫球、贴近自然的植物层次，保证地表径流的有效使用和收集。乐谷童音是整个展示区中儿童活动核心场地，这是一个自然的洼地，承担整个区域汇集雨水的功能。采用高透水铺装既满足儿童空间的干净清爽，也能高效地将雨水渗透到地下蓄水设备，雨水处理后达到日常绿化用水和水景循环的标准，完成小区域内水循环。草坡与跑道的平缓过渡保证了雨水径流利用最大化和高效收集。

利用场地本身洼地，营造儿童成长探索认知空间；结合雨洪管理系统，利用生态节能环保材料，营造具备人文关怀、自然生态的儿童成长空间。场地的原有洼地具备了营造不同体验空间的先决条件。因此，设计团队用三大区域去满足儿童的不同需求和玩法，释放儿童天性：

1. 微型高尔夫——山

2. 乐谷童音——谷

3. 植物科普——林

抓住儿童最基本的滑、爬、钻、跑等玩乐方式。利用螺旋形的跑道、滑梯、钻洞，以图识文、打击乐等不同形式的设施，搭建小朋友相互之间交流的桥梁。

通过对植物的认知，从植物生长到开花结果，感悟自然植物的生命，结合雨洪管理系统，了解植物的生命周期。植物科普和自然发现相结合，寓教于乐。

整个场地从儿童玩乐、植物认知、自然运动体验等不同方面，结合场地现有的特征，设计适合场地属性，人文关怀的儿童体验空间，诠释了人性化、生态性、环保低价的设计理念。真正意义上把"绿色""生态""节能""环保"诠释到整个项目中。

平面图

1. 入口广场
2. 迎宾通道
3. 地形草坪
4. 精神堡垒
5. 境池水景
6. 停车场
7. 商业街
8. 休闲平台
9. 观望坐凳台阶
10. 下沉儿童乐园
11. 休闲幽径
12. 植物科普园
13. 屋顶花园

剖面图

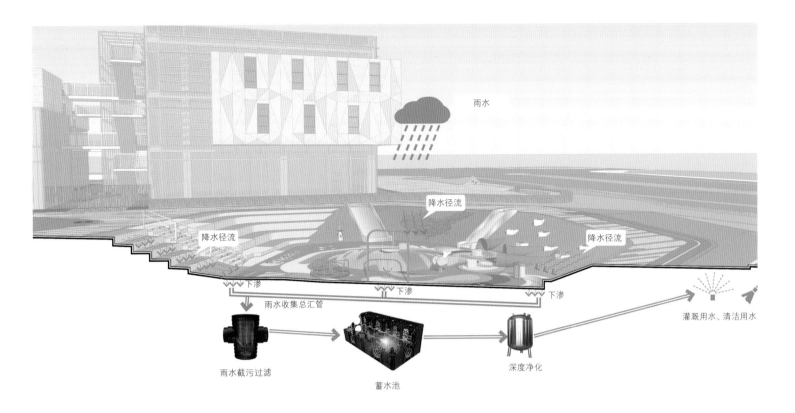

雨水

降水径流

降水径流

降水径流

下渗   下渗   下渗

雨水收集总汇管

灌溉用水、清洁用水

雨水截污过滤   蓄水池   深度净化

雨水收集

雨水收集回用系统,是指收集和利用建筑物屋顶及道路、广场等硬化地表产生的降雨径流,经收集、预处理、储存等渠道,积蓄利用雨水,为绿化、景观水体、洗涤及地下水源提供雨水补给,以达到综合利用雨水资源和节约用水的目的,具有减缓城区雨水洪涝和地下水水位下降、控制径流污染、改善城市规划环境等广泛意义。

1. 尊重场地、从场景出发——顺势而为

强调功能的体现,反对装饰化的景观设计,利用现场洼地,营造不同形式的儿童玩乐空间。搭建儿童相互交流的桥梁,释放童真天性。

2. 生态环保

结合雨洪管理系统,采用生态节能材料。场地形成一个自我循环的小气候。减少材料浪费和造价。

3. 绿色科普

设计儿童植物科普认知园,感悟自然生命。探索自然的亲子体验之旅。

项目地点： 上海市

景观设计： 佐佐木景观事务所（Sasaki Associates, Inc.）

施工单位： 上海园林集团、上海园林建设有限公司、五洋建设集团股份有限公司

客户： 上海嘉定新城开发公司

项目面积： 70 公顷

摄影师： 张虔希

嘉定中央公园

作为全国创建宜居城市举措的一部分，上海嘉定区辟出 70 公顷中央公园区作为公共开放空间并修复自然系统。经过五年的设计与施工，嘉定新城紫气东来景观轴线对公众开放。这个线性公园是此快速扩展地区中最大的城市开放空间，作为适宜步行的绿色走廊连接分离的城市邻里，并将其与周边景观融为一体。公园是诗意形态、文化表达、大众使用以及生态修复的整合，创造出多方面的体验供几代人享用。

在项目初期，穿越性交通对公共绿地特别是紫气东来造成的影响在总体规划中没有得到慎重的考虑，地块支离破碎。在关键的第一步，设计团队进行干预，将破碎化降到最低，减少穿越公园的道路数量，在道路保留的地方建立人行桥或地下人行通道——保留野生动物和行人公园体验的完整性。

公园设计理念为 " 林中的舞蹈 "，基于对中国传统绘画、书法与舞蹈的现代阐释。公园突出嘉定丰富的文化遗产，将其与基地自然环境相结合。自然景观元素例如浮云与流水是当地艺术家陆俨少画作的常见主题，用现代、动态的形式展示流线，影响人们与景观互动的方式。公园中四条主要步行道精心安排与公园多种元素互动，沿空间与地形转折延伸。公园内空间的布置形式与功能并重——开放与私密，纪念性与亲密性，动与静，城市与田园，直与曲，凹与凸。

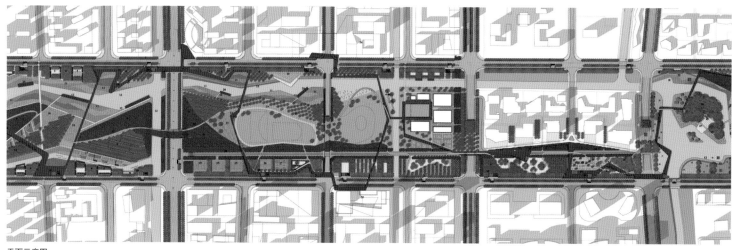

平面示意图

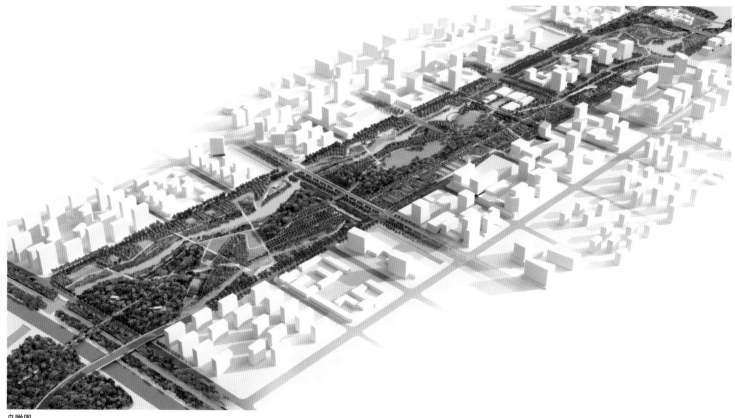

鸟瞰图

在深入基地理解与细致设计愿景的基础上，团队执行了以可持续为导向的设计，从根本上改变了这个地区。对生态系统的有力承诺和以人为本的宗旨在可持续设计的细节中得到体现，包括在所有步道安装无障碍通道、修复湿地、新林地、促进本地生物社区的本土植栽，雨洪管理系统、有限的人工照明以及有效回收利用现有材料和基地构筑物。

跨学科方法、受到启发的愿景与影响深远的可持续设计成就的上海嘉定公园为区域带来了改变。对湿地与林地的修复大大提升了水体与空气质量和生物多样性；雨水收集系统每年节约 10 万吨饮用水；对沥青与屋瓦等建材的重新利用减少了使用新材料产生的排放并降低建设成本。

今天的公园，清澈的水体和渔民代替了以前满目皆是的肮脏河道和藻类。安静的步道代替了嘈杂的公路。成群的小鸟在蓝天下运河上飞翔。男女老少来到运动场，或在步道上徜徉。这条绿色走廊是新城的核心，它很快成了新的区域复兴象征。

塔秀路　　　生物处理区　　　　　　绿化过滤带　　　　　　　　　　　　　　　人工湿地　　　　公园　　　天祝路

运河

人工湿地

生物过滤区

绿化过滤带

竖向设计、排水和雨水处理
雨水利用
·利用公园内的生态过滤区初步处理和渗透雨水
·把雨水从公园和街道排入人工湿地，在雨水进入运河之前进行再次滞留和处理
·利用绿化过滤带减少运河沿岸的地表径流

雨水利用

从公园和天祝路收集来的雨水将通过一个水质处理装置,储存在一个地下的水箱中,其后再泵入观赏水池中,任何满溢池塘的水流将流回水箱以供再利用。在较大的暴雨中,水箱的溢流将排放到德富路的下水道中。

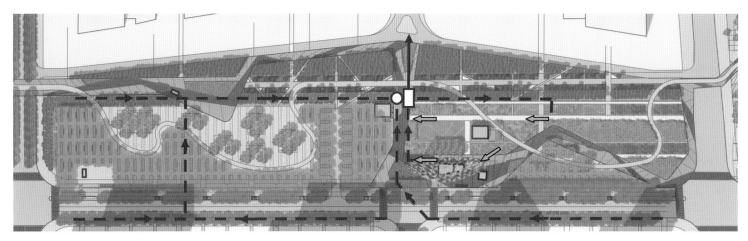

━ ━ ➤ 雨水排放流向　　　　　　　➡ 池塘水流流向

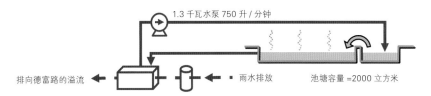

1.3 千瓦水泵 750 升 / 分钟

排向德富路的溢流 ←　　　← 雨水排放　　　池塘容量 =2000 立方米

储存水箱 体积: 232 立方米　　水质处理装置

蒸发量: 3,600 平方米 x 0.14 米 =500 立方米 /4.3=116 立方米 x2=232 立方米（2 周）
雨水排放 : 50,000 平方米 x 0.7 x 0.137 米 = 5,000 立方米
50,000 平方米 x 0.77 x 0.015 米 = 580 立方米
循环: 2 天

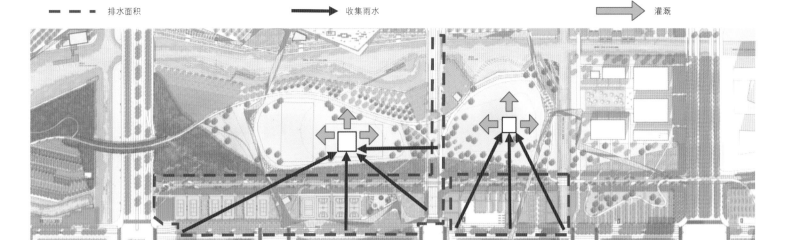

排水面积　　　　　　　　　　　　收集雨水　　　　　　　　　　　　灌溉

草地 / 草坪灌溉

草地 / 草坪区的喷灌用水将来自从公园中和邻近的路边生物过滤系统收集来的雨水提供，雨水排水将收集至一个地下的储存设施。地下储存设施的体积要能维持干旱条件下至少一个星期的灌溉量。

项目地点：上海市

设 计 单 位： 佐 佐 木 事 务 所（Sasaki Associates, Inc.）

施工单位：上海绿化建设有限公司

委托方：上海徐汇滨江开发投资建设有限公司

项目面积：8.42 公顷

摄影师：朱宇

徐汇跑道公园

徐汇跑道公园是一个反映上海城市发展史的创意城市更新项目。公园面积为 8.42 公顷，其前身是运营超过 80 年的龙华机场的跑道。龙华机场曾是 1949 年前上海唯一的民用机场。考虑到场地的历史文脉，公园设计效仿机场跑道的动态特质，采用多样化的线性空间将街道和公园组织成一个统一的跑道系统，满足汽车、自行车和行人的行进需要。虽然所有的空间都是线性的，但每个空间中采用了不同的材料、尺度、地形，并设计了不同的活动项目，以创造多样的空间体验。这样，公园成为承载现代生活的跑道，在都市环境中提供了一处休闲和放松的空间。

设计中尽可能地保留了原有机场跑道的混凝土铺面，包括重新利用破碎的跑道混凝土块建造新的园路、广场以及休息区等。公园内许多空间的设计都旨在为行人和自行车行进的过程中创造上升、下降及俯视地面的体验，唤起人们乘飞机时上升、下降的体验，不仅向访客暗示基地作为机场跑道的历史，同时也为场地提供了多种视角。

在道路设计中，通过控制车行道的宽度，鼓励使用公共交通而不是私家车，来竭力保持紧凑的城市中心区的感觉。此外，六行落叶行道树沿人行道、自行车道以及机动车道形成绿化隔离带，创造了舒适的微气候、四季变换的景致及人性化尺度的景观大道。在地铁站和相邻开发地块之间的下沉花园，可以改善人们来往于地铁时的空间体验，同时增加公园的空间层次。

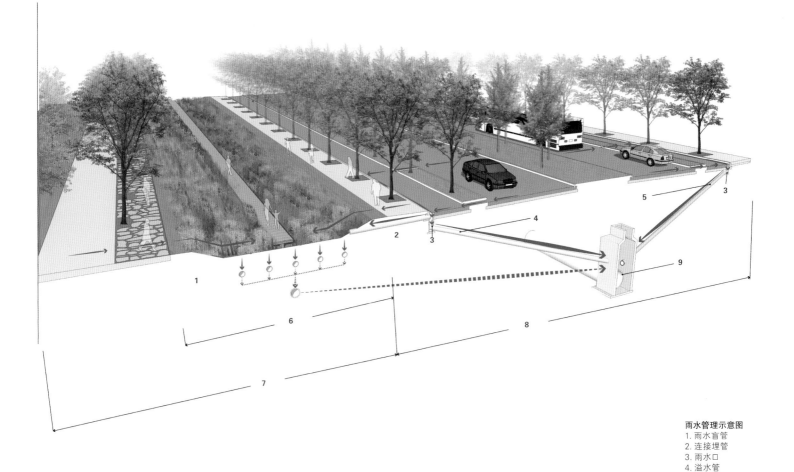

雨水管理示意图
1. 雨水盲管
2. 连接埋管
3. 雨水口
4. 溢水管
5. 雨水管
6. 雨水花园
7. 公共绿地
8. 云锦路
9. 市政雨水总管

与景观功能相结合，公园里将全部运用长三角本土植物品种创造多样的陆生和水生动物栖息地。观鸟园、果林和多种多样的花园营造了优美的陆生环境；湿地、人造软质驳岸与漂浮湿地模块组成了健康的水生环境。

灯杆的设置再现了对机场最为重要的通信和照明功能，呼应了基地的航空和工业历史。地埋的线状和点状灯具不仅标示出昔日的跑道，而且也是公园的标志性视觉元素之一。发光的扶手、座椅、遮阴篷、架空步道将和环境标识一起为功能空间创造视觉边界。所有的灯光都有意识地避开了栖息地和夜行生物的活动区域。

公园和与其平行的云锦路上的雨水径流通过路旁 5760 平方米的雨水花园和 8107 平方米的人工湿地进行管理。建成后这里将成为上海市第一个沿道路的雨水花园系统。基地北面的径流流经公园中的雨水花园后排放到运河中，南面的径流则经过一系列过滤湿地排入运河。用以减缓流速的开放前池与植被覆盖的湿地相结合，有助于减少道路径流中的悬浮颗粒物和污染物。整个场地的雨水径流最终经机场河排入黄浦江。

景观设计总平面图

效果图

下沉广场效果图

项目地点：江苏省，苏州市
设计单位：TLS 景观设计公司（TLS Landscape Architecture）
面积：74 公顷
摄影师：TLS 景观设计公司（TLS Landscape Architecture）

苏州狮山公园

来自加州伯克利的 TLS 景观设计公司，为苏州狮山公园的方案深化团队。此新都市公园位于老苏州乐园原址，占地 74 公顷，逶迤于狮山脚下。她将成为未来苏州高新区至关重要的都市公共场所。新的公园景观核心——狮山，与新狮山湖紧紧相依，并被一条环形步行大道环绕。这条环形大道也组织着公园周边城市发展。此项目将会开启都市发展的独特篇章——上承中国传统的"山水精神"，下接自然共生的原则——都市山峰，森林，水生环境在共同作用下自然再生。同时，公园将会广泛开展艺术项目——源于这座举世闻名的传统苏州文化特色的艺术项目。

方案征集阶段的作品与中国政府公布的城市发展新导则相契合，侧重于强调生态可持续性发展，包括"海绵城市"理念；并挖掘当地特色，采取因地制宜的都市发展思路。狮山公园将会是中国实现这些想法的第一个大规模的公共项目。狮山湖预计扩大两倍，通过创造可持续性的雨水处理地带，收集那些过去增加了城市排洪压力的雨水，并予以生态净化，将会使得湖水水质从Ⅲ级变成清澈的Ⅰ级。环道串联公园美景，创造着新的都市共享场所，正如西湖十景完美的融入人们生活。公园将会以欣欣向荣的自然面貌与狮山威风凛凛之势，呈现出独特的高价值都市场所。不久，我们便可以倾听来自这座王狮的怒吼！

环道

山与湖被一个圆形步行道所环绕，这个环道帮助着人们在这个大型公园里很好的定位自己，并且可以把人们引领到不同的特色景点——由 TLS 所力图创造的属于这个时代的新狮山十八景。这是 TLS 对闻名世界的杭州西湖十景的当代诠释。也是我们对意式小镇强调社交、家庭聚会、享受闲暇时光的公共空间设计的独特演绎。这将是一个城市里充满活力，充满探索，并且被茂盛的绿色所覆盖的好去处。

狮山新十八景

林间耳语——打造入口狮山路节点，"林间对话"由一系列 20 米高的可发光碳纤维材质杆子组成， 并且加之以叙事性声响艺术，包括狮山路的变迁故事，老苏州乐园声音的收集。

狮山花海——是一座小型花园，有着不同季节花期，与不同设计的花田。人们可以在小径间穿梭，体会花海的魅力。

观景绿廊——构造了看狮山的好地点，与欣赏湖边音乐表演的好去处。绿廊也兼具了喷雾功能，为多种表演增添活力。

落雨亭——圆形落雨亭，可提供阵雨效果，制造微妙的湖面反光。访客可以坐在凉爽、轻柔的落雨内部观赏落雨效果。

鸟语林——现有过山车将被改造为有云霄步道的鸟语林，为多种鸟类与蝴蝶提供微型生态空间，供人们参观、体验。

树冠树桥园

平面图

环路：剖面图

01 树桥栈道
总宽度：5 米
步行：2.4 米
慢跑：1.2 米
自行车：1.5 米

02 运河
总宽度：10 米
步行：5.8+1.5 米
慢跑：1.2 米
自行车：1.5 米

03 地形花园
总宽度：10 米
步行：5.8+1.5 米
慢跑：1.2 米
自行车：1.5 米

04 诗桥下方
总宽度：30 米
步行：12+5+2 米
慢跑：1.2 米
自行车：1.5 米

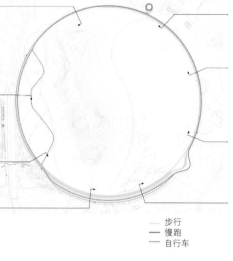

08 商业水岸
总宽度：10 米
步行：6.3 米
慢跑：1.2 米
自行车：1.5 米

07 荷花池
总宽度：12 米
步行：8.3 米
慢跑：1.2 米
自行车：1.5 米

06 芳洲茶社
总宽度：10 米
步行：6.3 米
慢跑：1.2 米
自行车：1.5 米

05 林荫大道
总宽度：30 米
步行：12+5+2 米
慢跑：1.2 米
自行车：1.5 米

—— 步行
—— 慢跑
—— 自行车

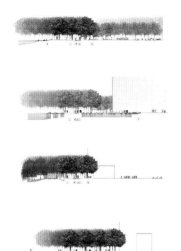

曲径：理念源于传统苏州园林

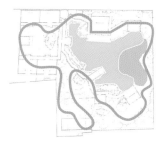

奇畅园　　　　　　　　　　留园　　　　　　　　　　　　耦园　　　　　　　　　　　　退思园

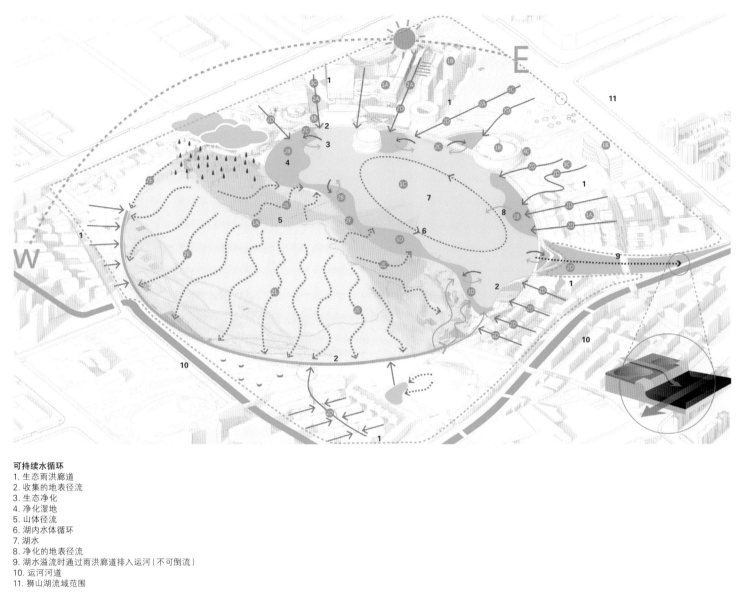

可持续水循环
1. 生态雨洪廊道
2. 收集的地表径流
3. 生态净化
4. 净化湿地
5. 山体径流
6. 湖内水体循环
7. 湖水
8. 净化的地表径流
9. 湖水溢流时通过雨洪廊道排入运河（不可倒流）
10. 运河河道
11. 狮山湖流域范围

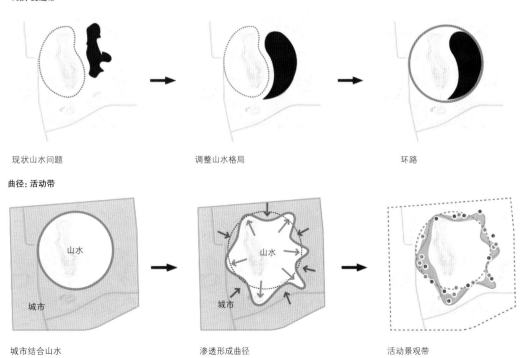

环路: 交通带

现状山水问题 → 调整山水格局 → 环路

曲径: 活动带

城市结合山水 → 渗透形成曲径 → 活动景观带

2

城市商住空间

项目地点：浙江省，宁波市
设计单位：SWA 集团
委 托 方：宁波市规划局东部新城开发委员会
面积：101 公顷
顾问：荷瑞然环境咨询有限公司

宁波东部生态走廊

通过对地形、水文和植被的创新综合，宁波生态走廊项目将一个不适宜居住的棕地变成了一个 3.3 千米长的"生态过滤器"，旨在恢复生态系统的多样性，实现人类活动与野生动物栖息地的协同共生，作为中国经济快速发展进程中城市可持续发展的宝贵经验和模式。

项目背景

宁波市位于长江三角洲东部，城市人口 349 万（据 2010 年人口普查），是中国最古老和最知名的城市之一，对外贸易的重要港口，也是重要的经济中心。与全国许多其他城市一样，近年来惊人的人口增长给城市基础设施带来了巨大的压力，给当地政府带来巨大的挑战，政府必须采取措施，适应城市密集化，同时让负面环境影响最小化。

2002 年，为缓解旧城压力，同时为城市扩张提供一个生态型开发先例，宁波市政规划部门呼吁制定了"宁波东部新城"总体规划。该规划是一个大型城市综合体开发项目，将围绕"生态走廊"进行开发建设。"宁波生态走廊"是一系列线性绿化空间，人类、野生动物和植物将在其中实现和谐共存。

景观规划图

1. 通气喷嘴
2. 增建水体
3. 风力机
4. 户外教学空间
5. 自然研究
6. 地下垃圾处理站
7. 学校
8. 野餐区
9. 地景步行桥
10. 生物滞留洼地
11. 生物池

12. 健康花园
13. 沙滩排球场
14. 儿童游乐场
15. 生物河谷
16. 主要行人环路（带自行车车道）
17. 高层住宅
18. 主要河道上方的人行天桥
19. 泵房设施
20. 室外游泳池
21. 雕塑花园
22. 园区

23. 水质净化系统
24. 人行天桥和观景台
25. 船坞
26. 观测塔
27. 儿童学习中心
28. 篮球场
29. 滑板公园
30. 排球场
31. 停车场
32. 社区 / 村落
33. 滨水平台

34. 攀岩区
35. 小区中心
36. 断流湿地
37. 社区花园
38. 木板路
39. 滨水步道
40. 原生湿地

生态环境

宁波位于长江中下游长江三角洲常绿森林生态区的南部。在历史上，这片生态区的特征是大片的常绿橡树林和芦苇沼泽，环绕着季节性泛洪的湖泊盆地。数百年的农业发展和最近的城市开发造成了湿地和水生栖息地的重大流失。剩下的少数湿地为东方白鹳、天鹅、西伯利亚白尾鹤和水生动物如扬子江海豚、扬子江短吻鳄、獐和水獭等提供了重要的栖息地。

设计团队认识到湿地和水生生物栖息地对保护这里的生态环境具有巨大意义，因此将精力集中在湿地修复上，制定了因地制宜的设计方案，这在当今生态意识觉醒的新时代具有历史和文化意义。

用地调查

宁波地区的特点是丰富的运河，这些运河在历史上具有一系列的功能，包括防洪、灌溉和运输等。在"生态走廊"的项目用地上，运河在没有合理规划和污染控制的情况下，随着工业开发的进行已经严重退化。

随着一代又一代的工厂拔地而起，整个用地上都是非法倾倒的从建筑工地挖掘的被污染的土壤，工厂污水和雨水径流未经处理就流入本来就因随意倾倒造成污染的运河。

设计团队认为，有效的、有意义的改造需要充分的资料和准备，因此对于项目用地的基本情况进行了全面的分析。团队由景观设计师及其附属顾问团构成，包括水质科学家、湿地专家、水文工程师等，目标是充分了解用地条件，勘察当地的水文循环情况以及流经用地的天然河流，并确定创建人与野生动物和谐共生的地方。

鸟瞰图

实施——构建"生态过滤器"

通过上述的分析,设计师提出创造长江生态区域缩影的概念。低矮起伏的丘陵形成
一系列彼此交错的河道,用于处理原有运河的污染水,管理新开发区的雨水径流,
形成恢复野生动物栖息地的河岸带,并为新居民提供娱乐和科普的场地。

水文——一条改善水文功能的曲折河道

代替原有的死渠和断开运河的是一系列自由流动的小河、溪流、池塘和沼泽地。水
文设计采用缓慢、曲折的水流形式,接近这片低地洪泛平原的原始情况,目标是重
建当地原生生态。

通过创新的生物修复技术，模仿原生生态过程。新建成的水道改善了运河水质，从Ⅴ级（仅限于工农业用途，不适合人类居住条件）上升到Ⅲ级（适合生态修复和娱乐用途）。

地形——以丘陵和山谷引导水流

利用周围开发区的开挖填土，对整个生态廊道区进行仔细的地形重塑，形成丘陵和山谷的地形。山谷水道用于通过沉降、曝气和生物处理去除污染物，允许保留含水层补给，并突出水流在用地上呈现不同的形态。丘陵用作城市环境的缓冲屏障，为东部新城提供景观，为游客提供风景点，增加生境多样性。

构建"生态过滤器"：生态区的缩影
水文——一条改善水文功能的曲折河道

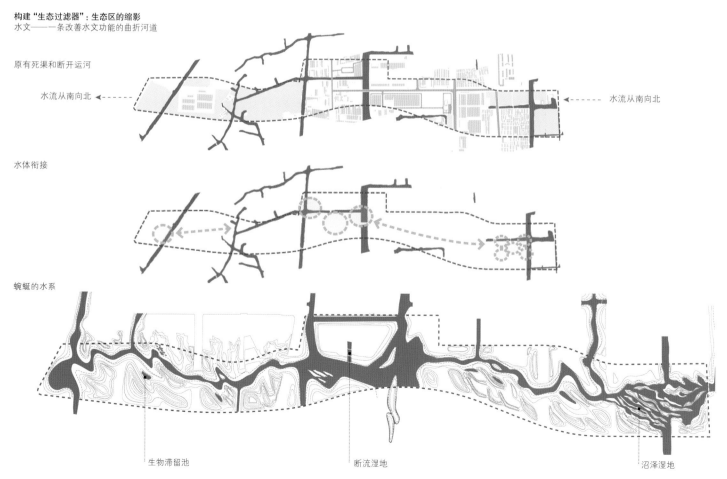

原有死渠和断开运河

水流从南向北 ◁---

水流从南向北

水体衔接

蜿蜒的水系

生物滞留池   断流湿地   沼泽湿地

植被——本土植物净化水源，创造生物栖息地

在这个地势起伏的景观中，落叶和常绿乔木的战略布局体现了美学、功能、生态和气候等方面的考虑。重点使用原生植被，沿生态走廊重建多样化的植物群落，并鼓励原生野生动物的栖居。沿河岸边缘种植的植物以及整个用地上的生态草沟和雨水花园，能够净化来自邻近开发区和其他建筑和硬景观区域的雨水径流。植物选择也创造了生态走廊独有的特色：结合地形多样性，根据高度、质感和颜色将植物进行分组栽种，形成一系列独特的景观空间。

城市肌理一体化

生态走廊作为宁波新城开放空间的脊梁，创造并衔接了多种土地用途。廊道延伸 3.3 千米，与相邻的城市脉络和生态环境无缝融合，形成了生态走廊与周围景观的共生关系。

通过修复该地区的生态环境，宁波生态走廊为本土动植物创造了重要的栖息地，强化了公共健康，为当地和邻近的社区创造了有趣、愉快的公共空间，并为中国及其他地区的可持续发展提供了范本。

地形——以丘陵和山谷系统引导水流
填充

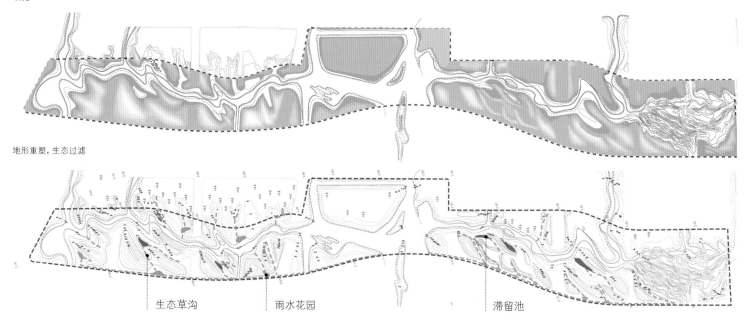

地形重塑,生态过滤

生态草沟　　　雨水花园　　　滞留池

植被——本土植物净化水源,创造生物栖息地

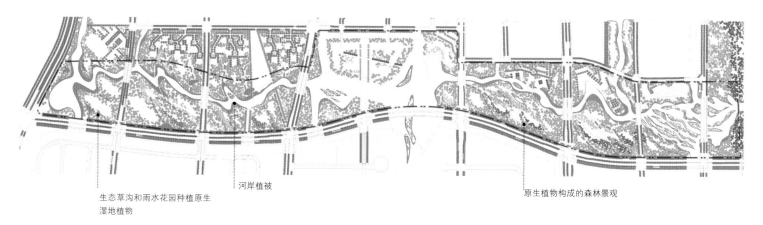

生态草沟和雨水花园种植原生
湿地植物

河岸植被

原生植物构成的森林景观

水质改善图解

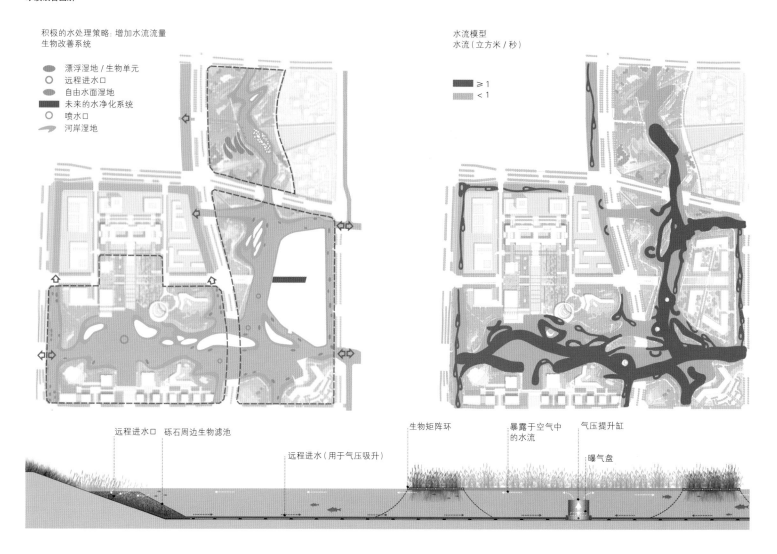

积极的水处理策略：增加水流流量
生物改善系统

- 漂浮湿地 / 生物单元
- 远程进水口
- 自由水面湿地
- 未来的水净化系统
- 喷水口
- 河岸湿地

水流模型
水流（立方米 / 秒）

- ≥ 1
- < 1

远程进水口　砾石周边生物滤池　　　　　　　　　远程进水（用于气压吸升）　　生物矩阵环　　暴露于空气中的水流　　气压提升缸　　曝气盘

人与野生动物的和谐共生
生物池、地势与植被屏障
沼泽湿地：水过滤、水生生境与自然科普教育

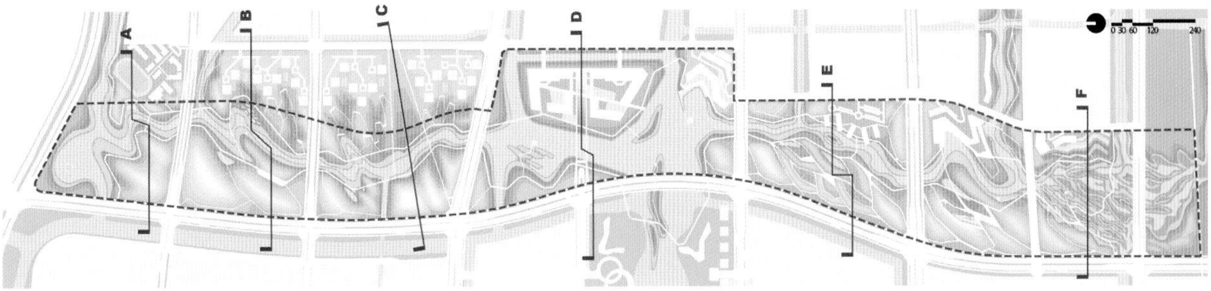

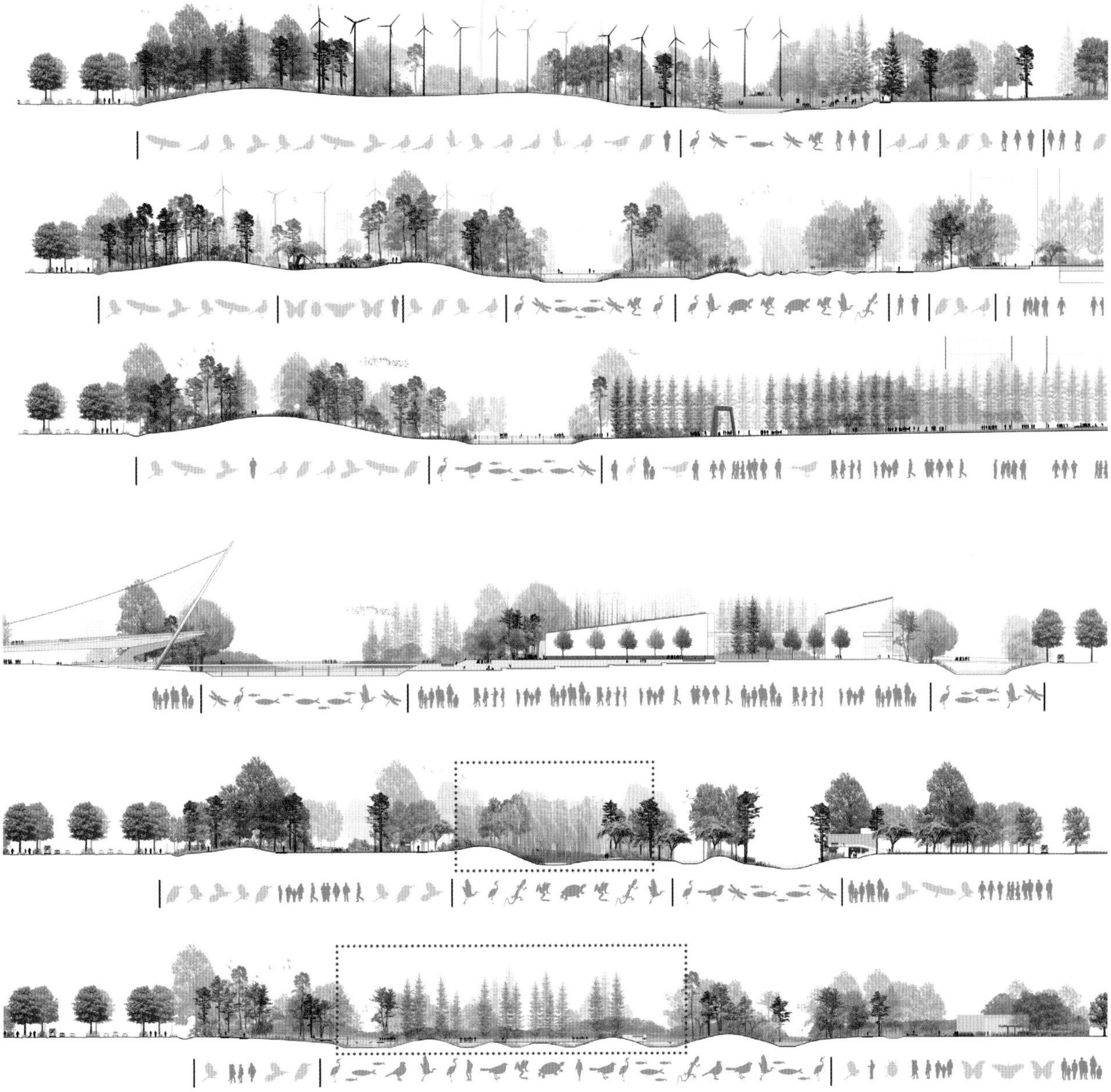

湿地: 去除目标污染物

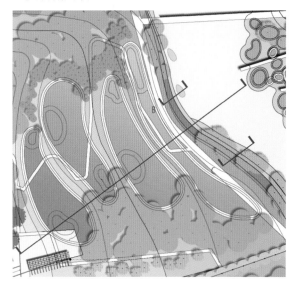

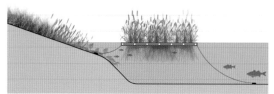

漂浮湿地

河岸湿地

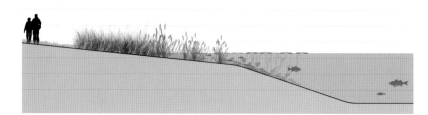

自由水面湿地

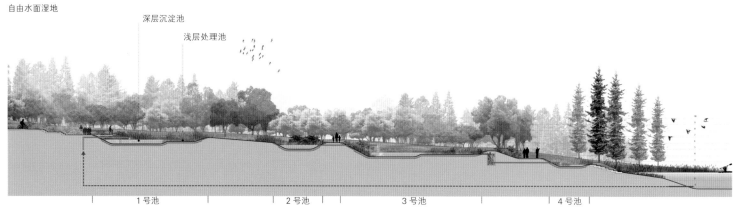

深层沉淀池

浅层处理池

1号池　　2号池　　3号池　　4号池

雨水管理: 让干净的水回到地面和溪流

草木、林地
绿色建筑
透水铺装
生态草沟
雨水花园
蓄洪
径流处理
道路径流过滤

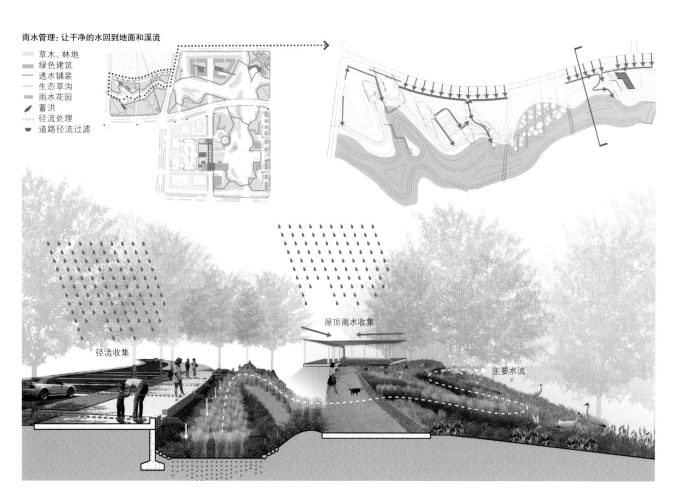

径流收集

屋顶雨水收集

主要水流

剖面图 B1

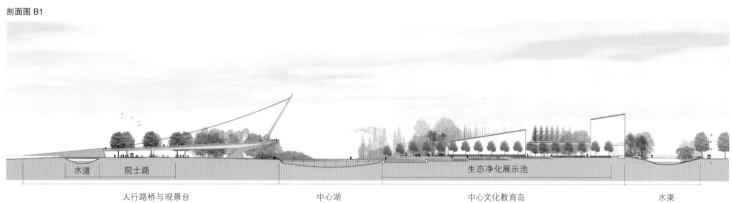

| 水道 | 院士路 | | 生态净化展示池 | |

人行路桥与观景台　　　　　　　　中心湖　　　　　　　中心文化教育岛　　　　　　　水渠

面图 B2

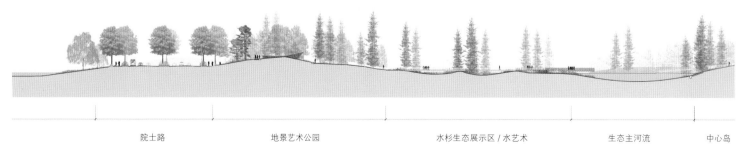

院士路　　　　　　地景艺术公园　　　　　水杉生态展示区 / 水艺术　　　　生态主河流　　中心岛

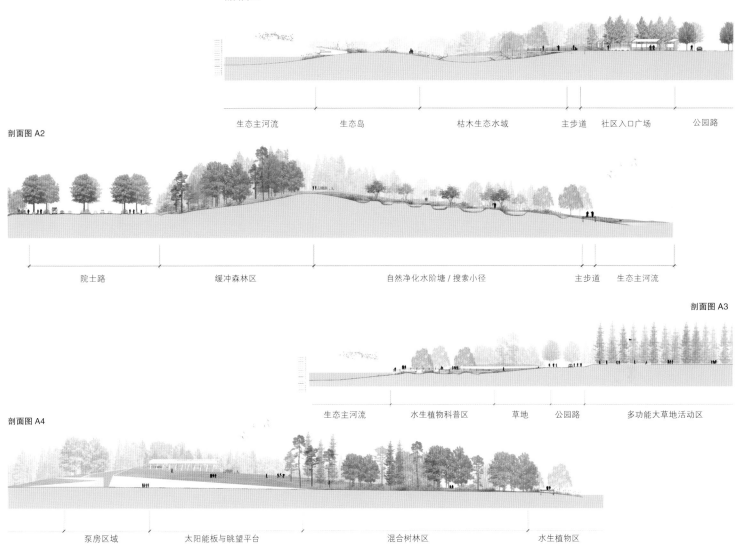

剖面图 A1

| 生态主河流 | 生态岛 | 枯木生态水域 | 主步道 | 社区入口广场 | 公园路 |

剖面图 A2

| 院士路 | 缓冲森林区 | 自然净化水阶塘 / 搜索小径 | 主步道 | 生态主河流 |

剖面图 A3

| 生态主河流 | 水生植物科普区 | 草地 | 公园路 | 多功能大草地活动区 |

剖面图 A4

| 泵房区域 | 太阳能板与眺望平台 | 混合树林区 | 水生植物区 |

項目地点：山东省，胶州市
设计单位：东大景观
委托单位：青岛胶州湾产业新区管委会
项目面积：66 公顷
摄影师：东大景观

胶州湾产业新城如意湖公园景观

胶州市产业新区位于黄海之滨、胶州湾西北岸，东临青岛高新区、南接青岛经济技术开发区，与青岛主城区隔胶州湾相望，是青岛"环湾保护、拥湾发展"重点规划、率先启动的四大片区之一。

本项目位于胶州湾产业新区核心区域，其中跃进河作为蓄洪河道兼具区域核心景观功能，横穿产业新区并连接大海，贯穿四片功能组团。

蓄洪

产业新区规划区在建设前以浅海滩涂、鱼塘、盐田为主，贯穿其上的一道泄洪河道，汇集了上游老城区的城市雨水，经由该区域东流向海域排放。在临海区域，也季节性地发生海浪返潮淹没部分土地。而在该用地规划为重要的产业新区后，区域的防洪要求等级大大提高，并由于城市建设而产生了有大量雨水汇集需求，对蓄洪泄洪的要求也大大提高。

为满足蓄洪要求，规划在新城中心横贯一条大尺度的河道，即跃进河，河道面积扩大为 4 平方千米，长约 6 千米，宽 240 米至 2300 米不等，并将整体河床降低，水体深度设至 4 米，满足大量的城市雨水汇集，成为全区最主要的蓄洪区域。同时，在城市的其他区域，利用纵横多道河渠贯穿全区各地块，形成泄洪渠道网络，将各城市区块雨水汇集至跃进河，并向东排放至海域。因此，跃进河成为新城建设中最为重要的基础设施——蓄洪河道。

景观

跃进河两岸景观规划中，确定了生态先行原则，在河道滨水区域 20 米以上的范围均为景观用地，建设用地后退，为市民让出了大量品质最高的滨水景观活动空间。

跃进河成了全区的核心景观带，以此为景观纽带，由西向东贯穿联系产业研发、行政文化、商贸金融、休闲度假四大片区。跃进河在作为蓄洪河道的同时，通过河道轮廓的形态变化、河道两岸滨水景观的建设，成为全区核心的一道城市"绿肺"，兼具了泄洪、生态氧吧和公共活动三大功能。

跃进河两岸景观规划从宏观角度对沿河两岸景观作总体定义，对各个片区的驳岸效果、建筑形态、风格特色以及绿化、铺装等各个系统做统一分析研究，确定各区域的系统设计、景观节点及景观元素，以此作为下一步各区域景观设计的依据。

规划打造四大个性鲜明的片区特征景观。产业研发区：强调生态与创意；行政文化区：突出文化轴，对景郁郁葱葱的风情岛；商贸金融区：集中展现新区现代繁华的滨海城市风貌；休闲度假区及滨海区域共同展现滨海的浪漫休闲与滨海生活的舒适惬意。以跃进河两岸公共活动景观带为骨架，布置四条景观轴线，五条视线通廊，十一个开放空间节点及三个城市地标，构成总体空间的框架。

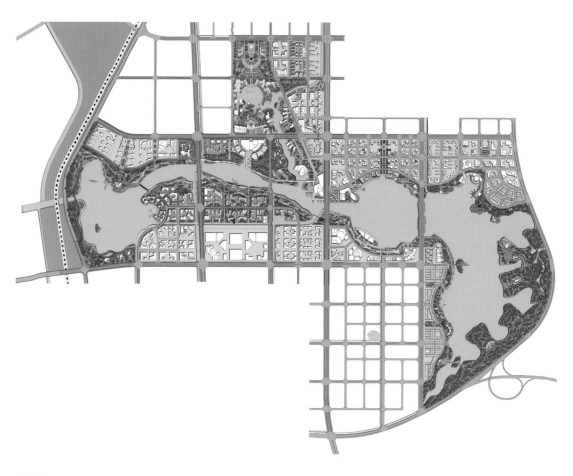

总平面图

鸟瞰图

剖面节点

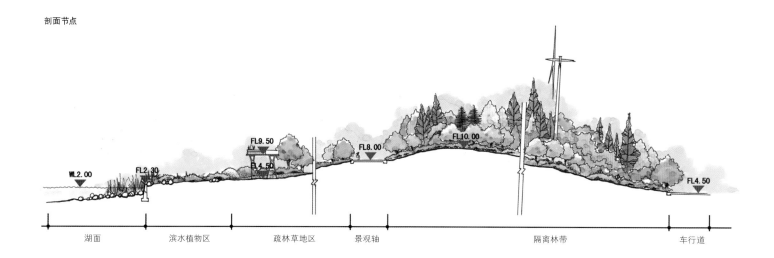

| 湖面 | 滨水植物区 | 疏林草地区 | 景观轴 | 隔离林带 | 车行道 |

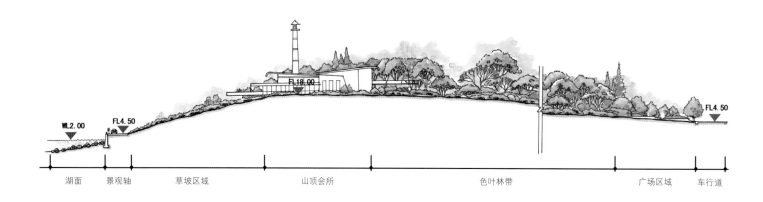

| 湖面 | 景观轴 | 草坡区域 | 山顶会所 | 色叶林带 | 广场区域 | 车行道 |

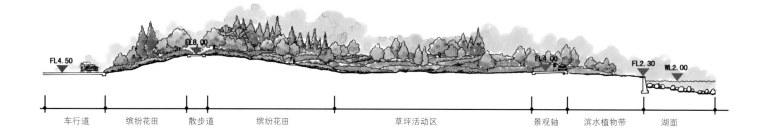

| 车行道 | 缤纷花田 | 散步道 | 缤纷花田 | 草坪活动区 | 景观轴 | 滨水植物带 | 湖面 |

纽带

由西向东串联整个河道沿岸的景观主轴线是规划中的重点。围绕水系设置滨水景观主轴，包括丰富的滨水步行区
和电瓶车、自行车道，形成连续的慢行交通系统，有机串联各个景观空间，并沿线设置十大主题景点及多个小节点，
成为整个区域在近期内重点打造的活动轴，强调设计的"凝聚"与"生长"理念。

如意湖景观

如意湖景区位于跃进河景观西端，处在先期两条最重要的对外交通干道交汇处，自然地造就了其门户形象的地位。
在主要道路建设的同时，对如意湖景观的打造成为了全区建设的第一步。

根据规划及建设进度需求，如意湖的景观建设目的是：在最短时间内形成令人振奋的整体绿化大效果，同时营造适量的集中的精彩亮点。整体景观呈现自然生态，北岸设缤纷花田、彩叶山峦、芦荻西岸三大片区，并利用堆土，在压盐的同时形成起伏的天际线，在原来平坦的大范围场地中，构成了局部山峦起伏的效果，成为如意湖的背景。

在生态化为主的基础上，通过景观主轴串联景观节点的方式，在临湖区域形成适量的精彩区域。主要的景观节点基本沿该主轴两侧展开，形成一系列活动休憩区。景观主轴作为统领整个跃进河两岸的纽带，兼具自行车及跑步路线、无障碍通道、电瓶车通道等多重功能，连续不断地在滨河区域蔓延，并向东延伸至其他区域。

由于区域位置临近海域，在满足蓄洪这一基本功能要求的同时，还要考虑降低水体盐碱度的需求。在如意湖景观设计中，大量采用芦荻作为临近水体的绿化，以期在一定程度上对土壤起到降盐碱的作用。为满足整体绿化效果，采用堆土压盐及底层排盐的方式，使土壤逐步利于植物生长，同时也形成了起伏变化的地形空间。

项目地点： 广东省，佛山市
设计单位： 艾奕康（AECOM）公司
项目规模： 约 300 公顷
总建筑面积： 约 1400000 平方米
委托单位： 广佛新世界
摄影师： 广佛新世界

广佛生态之城

机遇

这里曾是佛山最老的度假区，设施落后，2007 年新世界进行了整体的规划提升。伴随着佛山西站高铁通车、广佛地铁、广佛新干线升级，项目将处于粤黔桂高铁经济核心区域及广佛地理中心，15 分钟可抵禅城、45 分钟可达广州天河。

私人开发商主导的国际级生态社区配套

拥有超过 100000 平方米的国际多元生活综合平台；35 个天然湖泊串联而成的 26.6 公顷原生湖泊，引入活水循环系统；20 千米登山绿道，环湖绿道及多功能步道；国际 PGA 标准打造的 18 洞 72 杆高尔夫球场，华南唯一GEO 国际认证，十年欧巡主场。

环保可持续的规划设计发展体系构建

环保可持续 5 大发展策略：

· 水环境活化策略

· 绿色建筑策略

· 环保技术应用策略

· 基地环境与生态提升策略

· 低碳环保交通策略

鸟瞰图

具体实践 8 大环保技术的应用：

· 湖体活水系统

· 林相改造

· 生活污水处理及中水再利用系统

· 厨余垃圾无害减量化系统

· 低碳环保交通

· 雨水收集及再利用系统

· 绿色建筑

· 风光互补发电能源系统及弱电智能化规划

过去基地水体分布零散，污染严重。

· 因家禽养殖至湖泊水质较差

· 湖泊周边土壤破坏严重，水土流失

· 外部水源水质恶劣

· 旱季容易干涸，雨季存在洪涝风险

· 水体分布零散，无系统性

湖体活水连通及水质净化策略。

2011 年建成华南最大的社区活水系统，贯通 35 个天然水塘，形成 33 公顷的活水自循环水系，湖体蓄水量 900000 立方米，满足整体广佛生态小城的非饮用水的用水需求。

移除基地内水产养殖污染源，减少外部水道污染水源流入。

・生物浮岛、湿地、水生植物净化水质，达到Ⅲ～Ⅳ类水质
・湖水为球场和园林提供灌溉水源，完全替代市政用水
・中水系统净化生活污水，回用于灌溉
・湖体的连通和水位自循环功能降低项目的洪涝风险
・雨水经过生态过滤系统进行收集，再排入湖内，储存用于园林景观的灌溉

四大净水技术：
・自然湿地净化
净化机理：表面处理和浸透流处理。
・雨水收集
净化机理：经过滤系统进行收集，再排入湖体。
・人工湿地净化
净化机理：过滤作用，吸附和离子交换作用，植物吸收和卫生群分解净化。
・人工浮岛
净化机理：用植栽在浮体上的植物来净化，具有附加价值。

本项目作为"海绵城市"的实践，达到了以下目标：

1. 通过透水策略，降低地块内雨水径流量。

2. 通过节水策略，回收灰水净化处理后储蓄作为景观灌溉用水。

3. 通过净水策略，利用人工湿地对进入湖泊水体进行净化。

4. 通过乐水策略，将社区功能和水系结合起来，活化水岸空间。

湖泊改造与强台风"彩虹"。

2015 年 10 月 3 日，台风"彩虹"来袭后，佛山各区被淹，唯独广佛新世界只有风景没有"海"。广佛新世界采用全球领先的雨水收集和回用系统，不仅在暴雨期间路面无积水，还能有效蓄积雨水，作为景观及绿化的灌溉。其中，湖水管理系统作为其主要的活水系统，对于公共区湖泊，采用视频水位监测方式，实现 24 小时不间断水位状态采集、高低水位超限报警、数据远传等功能。同时兼做湖泊周界安全监控。

項目地点：北京市
景观设计：德国戴水道设计公司
合作机构：福斯特建筑事务所
项目委托：北京国锐投资有限公司
项目面积：90000 平方米

中国北京国锐国际投资广场

中国北京国锐国际投资广场坐落于经济快速发展的北京亦庄经济技术开发区内，是一个新建、多用途开发项目。德国戴水道设计公司与建筑行业领先的福斯特建筑事务所合作开发，该项目旨在推动多用途开发项目的新模式。

此设计展示了水的可持续利用如何与当代景观设计有效地结合，创造充满活力的城市区域环境并丰富个人的环境体验。

场地的中心拥有湖体，由一个地下雨水管理系统收集来自屋顶以及公园地面上的雨水，提供水源。静水平台的设计反射建筑及周围环境结构的影像；水景喷泉激活公共广场空间；而生态净化群落维护了高标准的水质，并增强了整体室外环境的舒适度。

为住宅园区设计的流动公园景观给身住其中的居民们提供了种类繁多的个体休闲以及群体活动空间，通过地形起伏提供不断变化的园林景致。

园林内部的其他活水循环体系，均由绿色环保的智能雨水收集系统所提供。同时，在中央景观湖区还"隐藏"着天然的生态进化群落，由湿地植物、沉水植物、浮水植物与湖边的高大乔木、灌木等组合。营造"小生态，大气候"的生态环境，当季节变换时，由不同面积的水景分布来进行生态园林的自我微调节，让园林景观不仅拥有观赏性，更能为居住者提供体验适宜的舒适性。

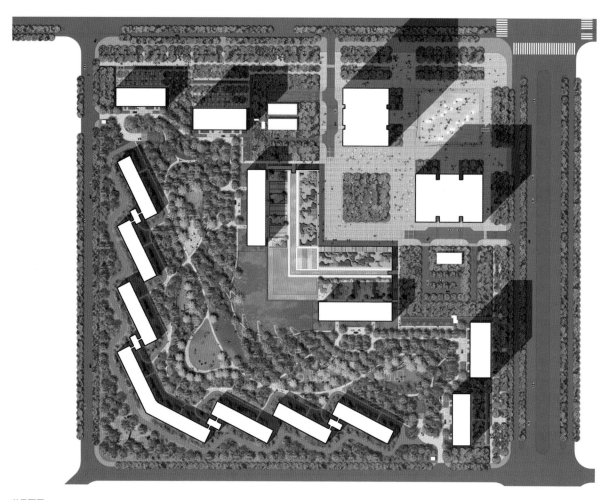

总平面图

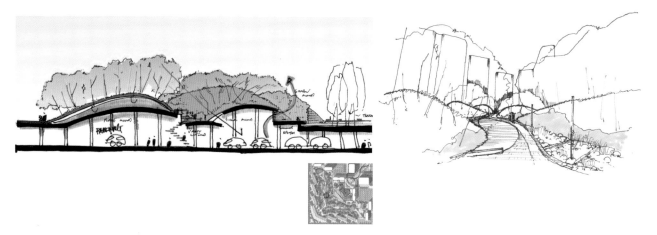

中心公园剖面图

中心公园穿越山丘的步道

持续性的本质就是对自然资源的保护利用，在北京，水是重要的稀缺资源之一，而国锐国际投资广场的景观设计通过对雨水进行收集、净化储存、循环利用，最终保证园林中每个喷头流出来的水都是再生水，而非自来水。园林中 3500 平方米的中央湖区，通过收集的雨水和再生水来补给。这也是基于 LEED 评估体系提倡的雨洪管理基本原则。

中心公园采用生态型雨水收集及处理的措施，雨水通道与景观设计元素进行结合，并成为自然的景观，雨水通过植被浅沟、生态渠、生态种植、卵石沟、雨水湿地、生态驳岸等景观式雨水通道来收集雨水，最终汇入到地下蓄水池里。

保持湖中水体的洁净是景观设计和项目维护之中很重要的部分。在汇入中心湖之前对雨水进行处理成了水体净化过程中很重要的步骤。生态净化群落系统由一个或多个处理单元构成，均有介质充满其中，表面上是栽植了多种水生植被的湿地园林小品，其实它还是湖区的引水通道，可以通过湿地的植物和介质的作用常年保持湖水的洁净，此区域利用优美的水生植物花园为住户提供静的空间，湿地边上安置了木制长椅和木栈道，这也是为了让社区的居民能充分享受滨水空间，同时能感受到生物多样性变化。

公共区域提供了高品质的城市生活空间，人们可以在这里闲庭信步，也可以三五成群地在树荫下乘凉聊天，或是在公共广场上参加大型活动的同时，探索并欣赏艺术和水景景观。

中心公园概念手绘图

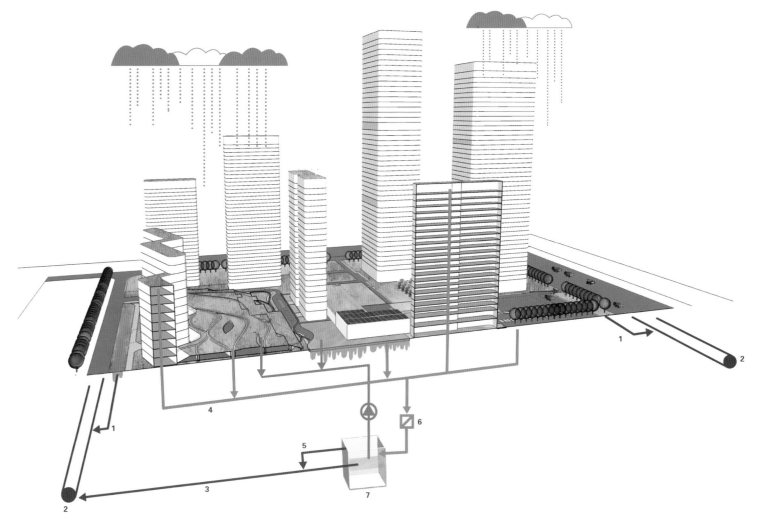

雨水管理系统总览

系统具有:
– 集水区包括绿色屋顶
– 从屋顶和硬质表面收集雨水
– 在下渗回补地下水的同时用滞留降低了排放
– 预处理和沉淀
– 地下储水
– 用雨水灌溉和回补景观用水使雨水得到再利用

1. 渗透和直流洼地
2. 市政雨水管
3. 削峰外排
4. 地表与屋顶径流收集
5. 紧急溢流
6. 预处理和沉淀
7. 地下储水设备雨水滞留和收集利用

中心公园溪水栈道剖面图

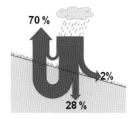

70 %

2%

28 %

雨水管理系统设计
开发前
– 绿色透水表面
– 蓄存、下渗、蒸发
– 削减洪流峰值
– 清洁污染径流
– 补给淡水水源
– 改善微气候

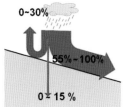

0~30%

55 % ~100%

0~15 %

开发后
– –55%~100% 的雨水将会从管道系统白白流走
– 排水系统的高额施工和维护费用
– 水体中容易发生富营养化与有机物质淤积
– 地下水水位下降
– 加速的径流和洪峰造成的洪水和干旱

蓄水池 / 模块系统

中央公园有一套完整的可持续性发展雨水系统设计，关键是引入了蓄水模块。

公园内的所有径流雨水都会收集进入地下蓄水模块中，塑料蓄水模块由聚乙烯塑料单元组合而成形成地下蓄水池。在水池周围需要包括防渗土工布和无纺布，蓄水模块和灌溉系统相连，基于气候条件与场地客观空间条件的蓄水池容积体积设计能够满足全年大部分的水体和灌溉需求。同时蓄水模块系统能够发挥滞留作用，减少外排市政的雨量。

雨水系统

1. 入流（经过预处理的雨水径流）
2. 沙土层（200 毫米）
3. 盒子（400 毫米 ×500 毫米 ×100 毫米）
4. 检查维护井
5. 沉淀
6. 保护层
7. 模块箱体
8. 过滤层
9. 供水井
10. 回用

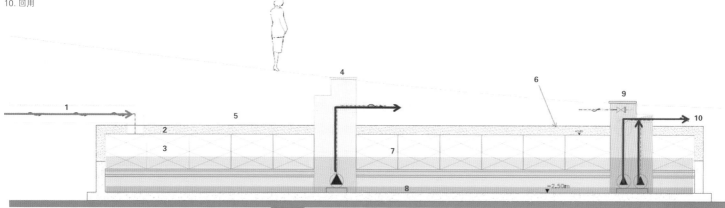

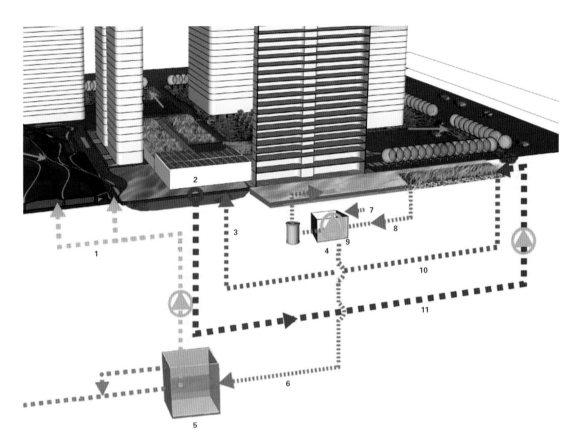

水量系统

循环系统具有:
– 泵站
– 管道
– 水处理机房
– 撇渣器 / 溢流
– 生态净化群落

1. 回用
2. 溢流 / 撇渣器
3. 入流
4. 化学处理
5. 地下储水设备,雨水滞留和收集利用
6. 溢流
7. 补水
8. 自来水
9. 水箱
10. 生物净化群落排水
11. 泵送至生态净化群落

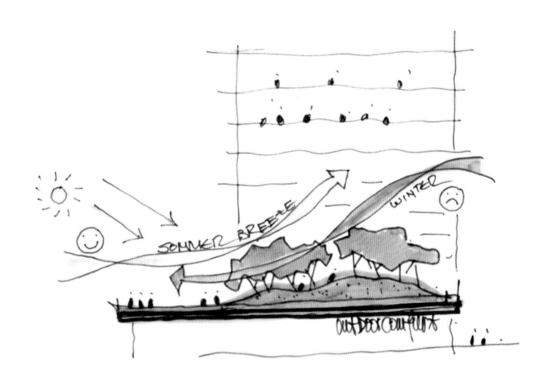

手绘图

项目地点：安徽省，合肥市
项目面积：50 公顷
景观设计：SWA 集团
首席设计师：马可·艾斯波西多（Marco Esposito）
项目负责人：张志维
客户：融科智地房地产开发有限公司

合肥融科城

合肥融科城是一个位于合肥市的新型经济开发综合片区，其中心区域是一个两侧设有零售底商步道的带状公园，这一舒适、便捷的步行主轴线连接了该地区的 8 个街区、各类设施以及即将开通的地铁站。SWA 利用合肥老城的景观特征构思并设计了带状公园和两侧步道，使新区拥有充满活力而高效的户外环境。该区域致力于实现可持续性的最大化，在迷人而多变的环境中，居民在较短的步行距离内即可享用多种设施与服务。这是一个为生活而塑造的场地，人们乐意在这里享受本地的宜居生活。

区域性特征和汇水区域规划

合肥融科城所在之处地势平坦且缺少特色，原场地内多为成排的农田和零散的聚落。考虑到合肥的气候及全年的降雨分布情况（年平均降水量 1000 毫米，每月降雨约 5 ~ 12 天），SWA 依据合肥标志性的河湖花园区域历史，探索项目的水文设计灵感，旨在将该地区打造成契合当地降雨特色的场所。为了实现这一概念，SWA 通过塑造地形来收集地表雨水径流，种植繁茂的树木以创造多样化的户外空间，从而为附近拥有 100 多栋高楼的街区提供一个人性尺度的绿心。

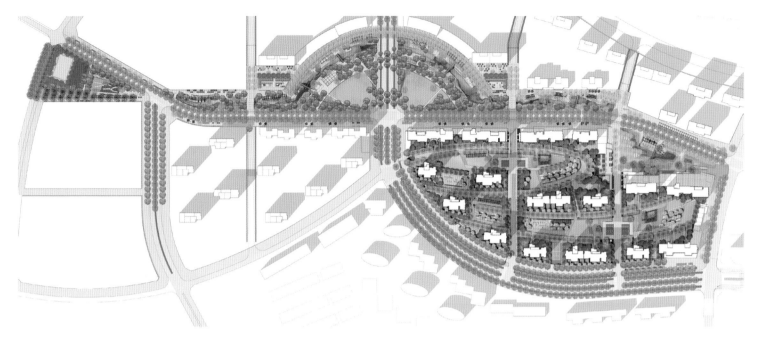

总平面图

SWA 接受委托时，该地区街道的图纸虽已经完成绘制，但尚未筹建。经过初步研究，大部分拟建的带状公园、与之平行的街道和零售步道的排水设计方案都过于零散，且过度依赖管线，但仍有条件整合为单一的汇水区域。由于这一地区还尚未建设，所以景观设计师有机会提出用一系列雨水花园与水道来替代雨水管网的做法。SWA 整体性地考虑户外空间的中央主轴线，调整街道和带状公园的竖向坡度，使商业街道、零售底商步道和带状公园共同组织形成互相依存的汇水区网，既能减缓和净化雨洪，又能丰富人们的社区亲水体验。

采用绿色基础设施，而非灰色管网

合肥融科城带状公园的最终设计成果包括一条长 780 米、深 2 米的下沉式绿地水道，用以汇集和输送来自公园东部 80% 的地区、中央公共街道以及两侧的零售底商步道之间的区域地表径流。部分邻近社区裙楼和高层屋顶的雨水也可通过建筑排水管道直接流入水道系统。长 780 米的水道中包含四个由堤坝构成的中型池塘和一个位于东部低地的大型蓄滞水池，蓄滞水池中的小型排水管道在超出常水位时缓慢地将雨水排放到市政雨水管。在其上方 1 米处，有一个更大型的紧急溢流结构，以应对大型暴雨。

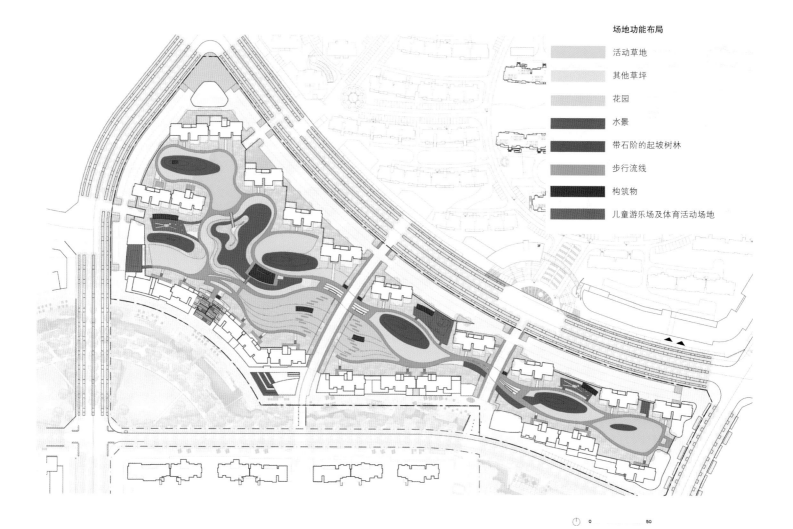

场地功能布局

活动草地

其他草坪

花园

水景

带石阶的起坡树林

步行流线

构筑物

儿童游乐场及体育活动场地

0   50

由于下沉式绿地水道的高程比邻近街道低 2 米，其收集雨水的能力与管网相同，因此能将其取而代之，如此一来，水道上方架设的与周边街道相平的桥面可供行人和车辆通行。

与大多数位于大城市下游的水体一样，巢湖水质因受到城市建设带来的工地淤泥、城市面源污染物和农业径流的影响而不断恶化。为了净化雨水径流，合肥融科城采用植被对径流进行过滤，并沉降悬浮物质。值得一提的是，已建成的部分带状公园和水道已对本区域和邻近在建的区域中的建筑活动带来的大量施工淤泥进行了沉淀。当总长 780 米的水道和侧翼的街区也建设完成时，带状公园将逐步实现水文生态平衡，带状公园和水道的功能将从沉淀施工淤泥转为沉淀城市径流中的颗粒物及减缓暴雨峰值。虽然这一地区并不与自然水道或城市河流直接相连，而是溢流向市政雨水管网，但已促进了水质的净化并减少了洪涝峰值流量。当社区全部建造完成之后，我们计划选取由路缘流向水道的典型道路径流以及水道出水口的水质进行抽样检测，来监测水道的长期绩效。

为了减小该地区在由农业地区转变为城市区域的过程中的排放量，设计赋予了水道强大的蓄滞能力，并仔细平衡了该地区铺装区域与种植区域的比例。而鉴于场地主要为黏性土，透气性和渗透性均较差，因此本次设计未将提高水道的下渗能力作为主要设计目标。随着该区域设计和施工的快速进行，SWA 作为整体设计规划单位需要及时反映，为带状公园和水道提供令人信服的设计和技术细节支持。在接下来的后续项目中，SWA 将与环境顾问和工程师深入协作，更好地了解并监测项目中的景观绩效，进一步调整水道中的植被配植比例和植物种类性能，并利用各方反馈信息来对池塘布局等方面进行持续优化设计。

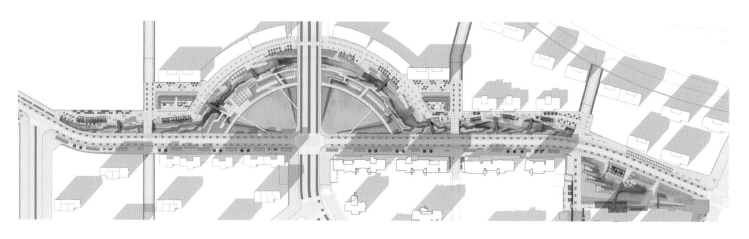

与松林路交点   与金炉路交点   与施笔锋路交点

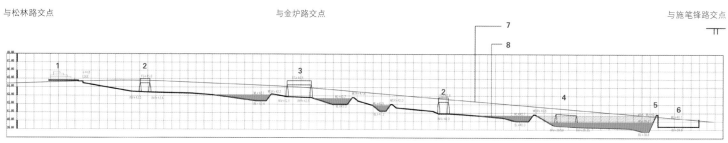

雨水花园

1. 喷泉广场
2. 附近道路
3. 雨水花园与金炉路交点
4. 雨水花园与壶天路交点
5. 三角公园蓄水池
6. 三角公园睡莲池
7. 壶天路纵剖
8. 雨水花园纵剖

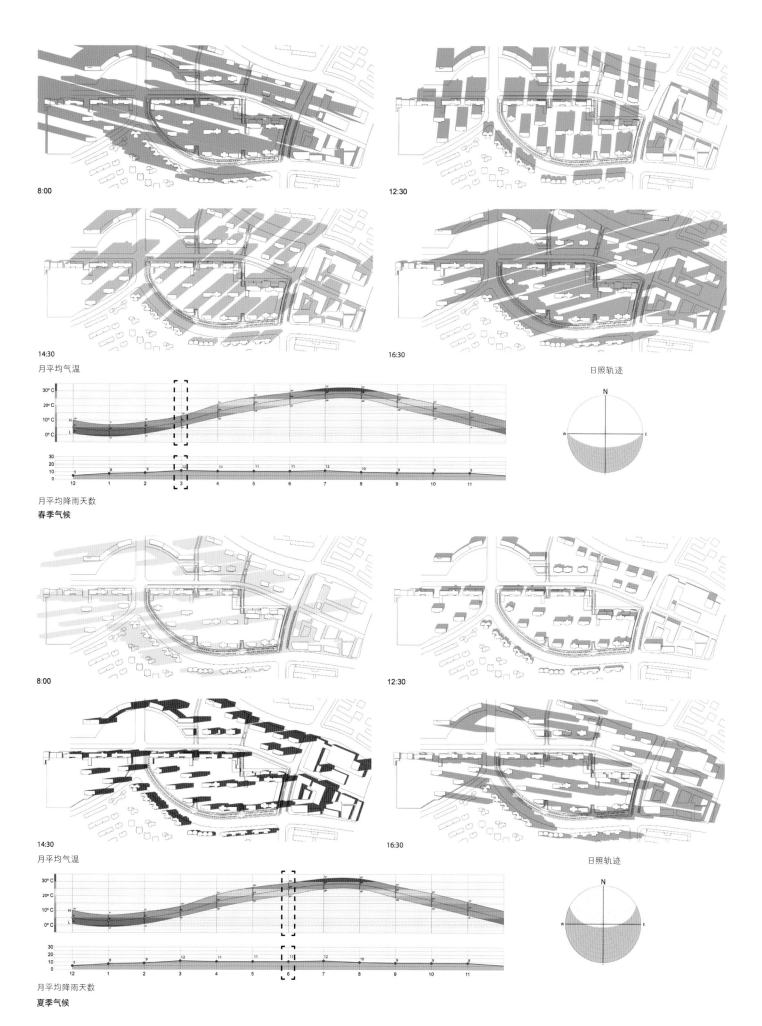

8:00

12:30

14:30

16:30

月平均气温

日照轨迹

N

W   E

月平均降雨天数

春季气候

8:00

12:30

14:30

16:30

月平均气温

日照轨迹

N

W   E

月平均降雨天数

夏季气候

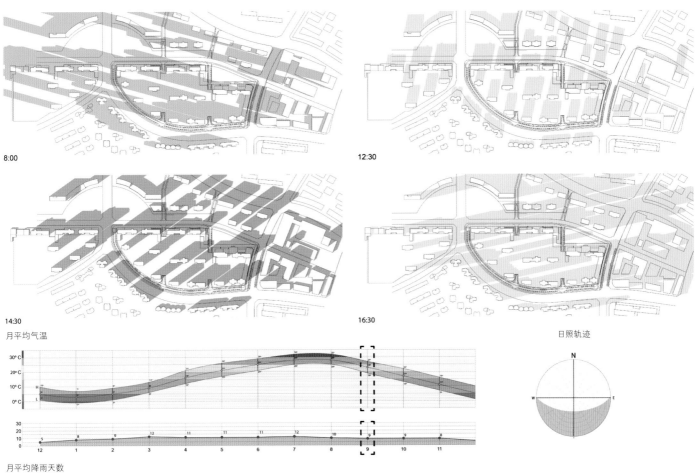

8:00
12:30
14:30
16:30

月平均气温

日照轨迹

N
W   E

月平均降雨天数
秋季气候

8:00
12:30
14:30
16:30

月平均气温

日照轨迹

N
W   E

月平均降雨天数
冬季气候

三角公园

新月公园

项目地点： 山东省，青岛市
设计单位： 水石设计
委托客户： 青岛海信集团
面积： 400000 平方米
摄影师： 水石设计

青岛海信研发中心

海信新研发中心位于山东省青岛市崂山区，距离市中心约 20 千米，东临滨海大道，南临天水路，西北侧为规划中的涧西路，用地面积 280000 平方米，地上建筑面积约 400000 平方米，容积率 1.45，建筑高度 24 米，根据海信集团需求分两期建设。

区域环境
青岛市崂山地区是丘陵地貌，青山连绵，地势起伏，环境优美，绿化丰富，基地南侧天水路对面即是 2014 世界园艺博览会园址。基地西北高东南低，最大高差达 50 米，内部地形复杂，峰、谷、坡、塘丰富，一条排洪沟从北向南从基地中间穿过，对竖向设计提出很大挑战。

项目定位
海信集团是国内最大的黑色家电研发生产企业，新的研发中心是海信全部类型业务的研发基地，是企业升级扩容发展的孵化器，也是海信展示企业文化的中心。设计团队提出四个设计目标：提供永续发展的科技创新研发空间；打造吸引未来国际人才的人文建筑形象；融入人居和自然的国际大企业形象；符合政府环境规划的山林城市景观。

项目研究

通过对国内外科技企业研发总部案例的研究，设计团队总结出研发总部的发展趋势是：由强调单专业研发的实验室，转变为多部门多学科整合的规模化协同园区；由量身而制的专业场所，转变为可改造、可拓展、可增值的发展平台；由纯粹科学研究内容，转变为展示、活动、员工培养的多种功能载体；由单一的建筑立面形态追求，转变为对环境品质的需要和多元可改造的建筑形象。海信集团要求为旗下20多个业务部门分别设计未来五年和十年的使用空间，并配置后勤服务中心和学术交流中心。经过详细分析设计任务，设计师提出适应性和可拓展的策略，即：同类相聚原则、未来成长原则、通用置换原则、高效多能原则、模数化原则、企业文化原则。

总平面图

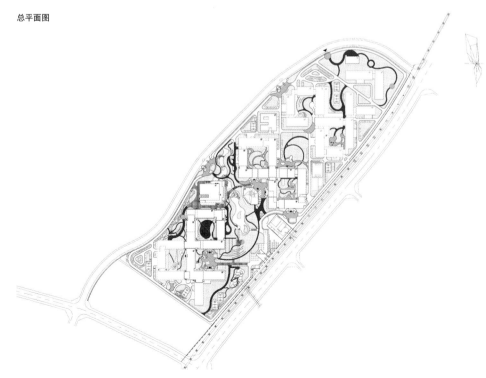

规划布局

建筑组合不仅要符合企业科技研发工作的需求,同时要符合政府规划充分尊重自然地貌,建筑体量高低错落随山势起伏,形成整体的生态园区形象。在用地中以正南北向正交网格进行布置,网格化的规划框架提供了均质性、通用性、可变性的规划设计基础,同时考虑了建筑以南北朝向为主。在网格的轴线上布置建筑单体,即标准层面积 2000 平方米的矩形单元,这种布局可以保证建筑单体、建筑组团、建筑片区的通用互换与灵活拓展。用地有一条排洪沟,此处将成为一条水系,根据生态理水原则和青岛水文数据进行测算得出:园区需要一个面积约 3.5 公顷的以水体为中心的生态公园。园区的后勤保障中心和学术交流中心主要布置在地块中央邻近公园的位置以便服务整个园区。沿滨海大道一侧设园区主入口,彰显国际化科技企业大气稳重的形象,北侧设置两处园区次入口,满足日常交通需求。

建筑设计

研发建筑群从西至东分为 A、B、C 三区,分别设置黑色家电、高新技术、白色家电这三大类研发部门集群,每个集群各自分成一期和二期建设,分别应对未来五年和十年的需求。在二期整体形象尚未形成之时,还要考虑一期形象的相对完整。集群中的各个部门对楼层、朝向、采光、景观、交通、面积、柱网的需求大相径庭,它们不仅要在一期建筑中拥有合适的空间,还需要方便地向二期预留空间拓展。经过与企业二十几个部门多次会议讨论以及反复调整比对之后,终于确定平面布局方案。大体上建筑底层主要功能是采光需求较弱的大型实验室和车库,立面采用深色石材形成基座与山地结合;基座上面是多层办公,立面采用红色面砖;建筑单元体之间是交通和公共交流空间,立面采用玻璃幕墙。建筑整体塑造了一种兼具人文感和科技感的企业形象。学术交流中心坐落于园区中央的水体旁边,功能包含贵宾接待、大型会议、产品展示,形象新颖独特,是园区标志建筑和企业精神象征。两个后勤保障中心位于园区北侧,功能包含餐饮、健身、医疗等,为员工生活提供便利的服务。

雨洪设计

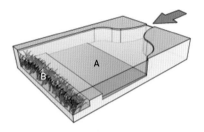

山体雨洪

雨洪沉淀前置塘
A 沉泥区
物理沉淀

B 生物净化区
沉水植物 + 微生物系统

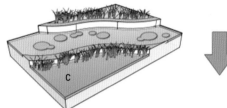

人工湿地净化区
C 浅水净化露床

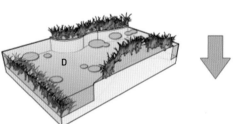

挺水植物、浮水植物
D 水生植物塘
挺水植物、浮水植物、沉水植物
和植被浮岛

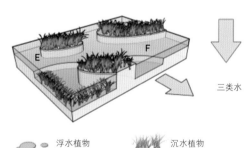

中心湖蓄水池
E 水岸净化
挺水植物

F 水体生态系统
观赏植物 + 水草

三类水

 挺水植物   浮水植物   沉水植物

海绵城市分析图
1. 蒸腾
2. 渗
3. 地表径流
4. 净
5. 滞
6. 雨水滞留区

海绵城市分析图
1. 100 年一遇水位
2. 50 年一遇水位
3. 夏季高水位
4. 夏季常水位

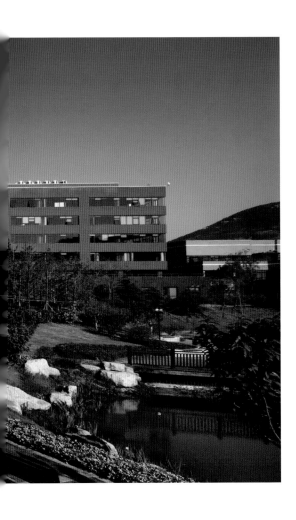

景观设计

整个园区景观设计同样秉承经济、美观、适用的原则，师法自然，尊重环境，既保证整体环境的原始自然趣味性，又在重点区域打造符合大型功能需求的活动场地与空间。材料选择经济，植物配置考究，空间设计丰富，功能组织流畅，景观设计与园区活动形成有机的统一。项目基地位于青岛崂山区一块地形丰富的崂山余脉山坡地之上，景观在满足其研发园区使用功能的高效快捷的同时，希望园区融入自然山体的优美风景之中，设计利用基地山体冲沟，规划一个包含生态水系的园区内山体公园，满足园区各种公共活动要求，也形成了整个园区的生态核心景观区与主入口、交流中心、参观路径等重要节点相衔接。受到造价要求限制，景观找到一条"顺势而为"的设计方法，充分利用现有资源，最大程度上依附现状地形地势设置道路和景观形式，在满足造价同时形成融入自然风景的研发园区景观。

雨洪管理

恢复生态、利用雨水定义自然大气生态的园区景观。

1. 保护原有水文特征，评估环境敏感型的场地资源，保留基地地表原有的径流通道。
2. 估算雨水容量，组织汇水面积并设置蓄水池。

收集和分析青岛当地的基本水文数据，测算出汇水面积应保持在 3.5 公顷以上；以生态理水为原则，设置中心公园成为生态过程的通道及承载山体雨洪的蓄水盆地。另外，在公园两侧设蓄水池，为公园和园区用水提供保障。

3. 雨水控制管理从源头操作，创造细胞式雨水收集系统。

通过收水、蓄水、渗水、净水、用水五个环节打造雨洪花园；在竖向设计上减小排水坡度以延长径流路径，从而达到径流面积最大化；采用分散式的地块处理：雨水引流和透水铺装引导下渗；通过开放式的排水来维持自然的径流路径。

4. 水体净化方式。

设置雨洪沉淀前置塘。

海绵城市分析图
1. 山体
2. 前置塘
3. 净
4. 雨水下渗
5. 渗
6. 人工湿地
7. 排
8. 混生植物
9. 滞
10. 生态驳岸
11. 收
12. 中心湖
13. 蓄

项目地点：广东省，东莞市

景观设计：张唐景观

首席设计师：张东、唐子颖

设计团队成员：张东、唐子颖、杜强、赵桦、
董万荣、张晓珏、张玫芳、范炎杰、秦姝晗

项目负责人：杜强

设计团队：赵桦、董万荣、张晓珏、张玫芳、
秦姝涵

项目面积：18500 平方米

业主：万科建筑技术研究有限公司

奖项：ASLA2014 年专业奖（通用设计类荣
誉奖）

万科建筑科技研发中心生态园区

万科建筑科技研发中心，其研究重点在于住宅产业化，将成为主要进行建筑材料、低能耗以及生态景观相关方面的研究基地。在景观方面将重点研发生态材料，例如如何将预制混凝土模块应用在将来的地产项目中，探索不同类型的透水材料、植物配植等。

为了实现低维护的景观，本项目要解决两个主要问题：（1）雨洪管理；（2）低维护材料和植物的使用。

设计策略

1. 雨水流失量的控制。两个小三角形的场地被设计成"波纹花园"。在一处三角形的地块中，设计团队采取了植物实验，与低矮的灌木和草坪相比较，乔木因为可以延长雨水落地的时间，是雨洪管理中最有效的元素。因此，在这个地块中设计师将乔木种植在三角形坡地的高点，与低矮植被形成对比和参照；由于坡地草坪会使雨水迅速流走，因此设计师采用了波浪形的草坪，不仅从形式上提供了不一样的空间感受，在功能上也增加雨水下渗的时间。草坪的坡度及波浪的坡度可以调整，从而实现最佳的渗透效果，而不会引起积水抑或流速过快。在半环形的地块中，设计团队对不同硬质材料进行了考察。半环形的波浪之间使用了不同的渗水材料（树皮、陶粒、碎石、细沙等），波浪的边界采用溢水设计，可供观察、比较不同材料的溢水量大小。

2. 雨水质量的控制。在"风车花园"，32 米高的风车提供了动力，将最初收集的雨水提升到建筑屋顶上，通过屋顶的雨水花园进行曝氧处理，直至跌落到地面的水池，实现初级净化；然后，雨水流经地面上的一系列植物净化水池，这些水池与参观、维护的通道相连接；得到再次净化的水，将通过一个检测阀，达到净化标准的水可以进入一个镜面水池，成为儿童嬉戏活动的场所，未达到标准的水，将会重新回到水循环系统，再次进行净化。以风能为动力，让雨季储存的雨水流动循环，不断净化，直至下一个雨季的到来。这样的雨水花园，尊重地域特点，以节能为根本，同时提供了教育、欣赏、娱乐的可能。

3. 低维护材料。预制混凝土（precast concrete）技术在欧美国家已非常成熟，应用普遍。从外观上，预制混凝土模块的尺寸、颜色、质感，与花岗岩相差无几。同时，它有着显著的低能耗意义：首先可以避免大面积矿石的开采。其次，在中国，由于施工技术相对落后，所有硬质景观铺装几乎都需要采用混凝土垫层。因此，只要采用硬质铺装——无论是用于车行还是人行——都无法实现雨水渗透。而PC 的厚度很大，可以省去混凝土的垫层，从而加强了雨水向地面的渗透。同时，PC 还可以进行异型加工，使得嵌草铺装成为可能。停车场、消防车道这些规范所要求的大面积硬质铺装，其视觉效果和生态意义都能得到提升。除此之外，设计团队还设计了多样的PC 户外构件，比如坐凳、自行车架等。借助模具，其形式可以更加多样，同时具有更强的耐久性，可在中国未来的居住区中普及。

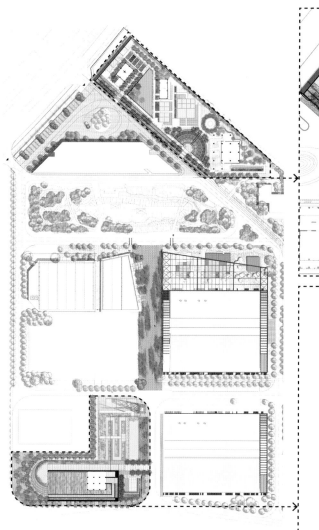

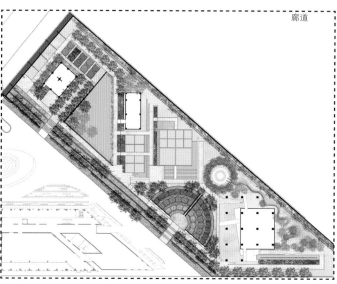

廊道

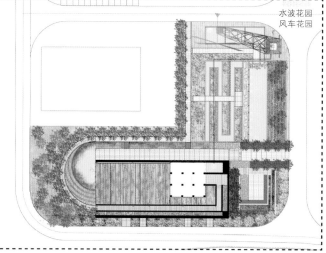

水波花园
风车花园

总平面图

0 10 20 30m

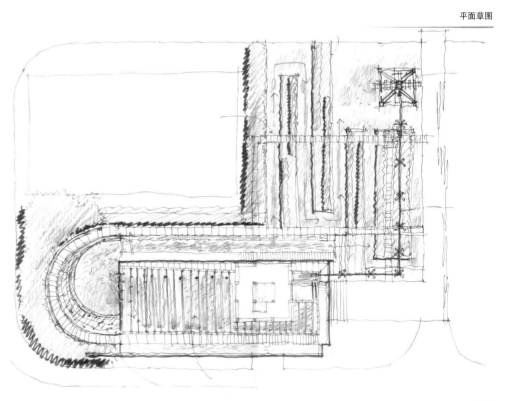

手绘图

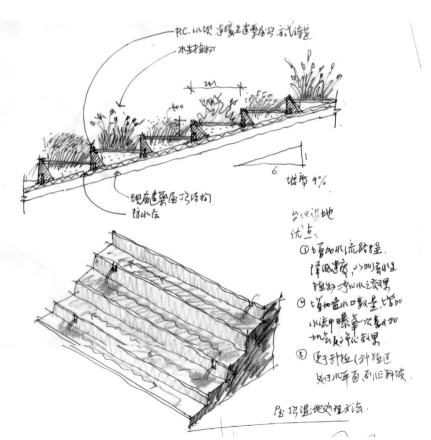

水波花园
1. 雨水
2. 生态草沟
3. 5% 坡
4. 2% 坡
5. 大树
6. 雨水下渗最大化

A. 挡墙
B. 大树
C. 波纹地形
D. 生态草沟

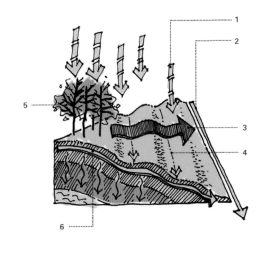

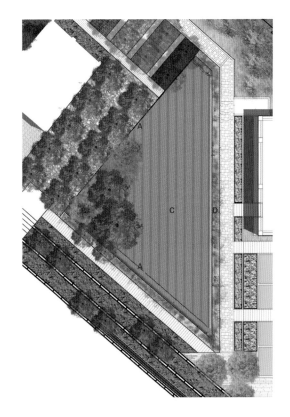

水波花园
1. 雨水
2. 各种可渗透性材料
3. 溢流

A. 挡墙
B. 可渗透性材料
C. 观赏平台
D. 波纹地形
E. 溢流

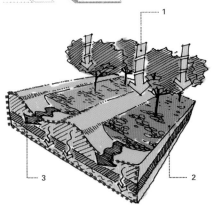

风化花岗岩　碎石　木片　砂石　陶粒

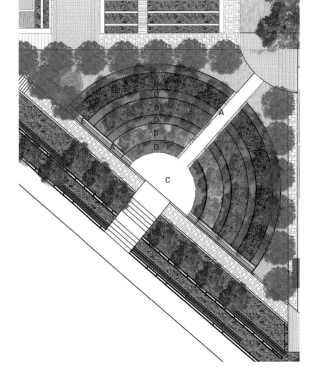

项目地点：广西壮族自治区，南宁市
景观设计：川璞景观设计
主持设计师：蔡蓬
项目面积：18 公顷
摄影师：鲁斌

五象山庄——园林政务酒店

广西南宁是东盟博览会的永久会址，与东盟五国的国际交往日趋频繁。五象山庄就坐落于广西南宁未来的城市中心五象新区核心位置，毗邻 2014 年广西园林园艺博览会园博园——五象湖公园。

山庄占地 18 公顷，建筑面积约 50000 平方米，由 7 栋独立全功能酒店楼宇组成，建筑群依势而建，错落有致、相互独立私密，广西民族元素有机融合体现在整体设计中。

场地问题与挑战

1. 原始地形地貌丰富，局部有池塘，西高东低，东西向冲沟把场地分成南北两块，高差达 39 米之多，大部分坡度在 20% 左右的向阳坡地，少部分坡度在 30%～40% 的背阴坡地。基地东侧有五象湖的水源，与基地高差高达 10 米左右。

2. 南宁多雨炎热，夏季暴雨频繁，洪峰加剧，大雨使市政管网负荷加剧，进而造成城市灾害与污染。

3. 基地的膨润土使雨水不易渗透。

4. 如何利用基地内的冲沟、鱼塘和利用基地外低于场地 10 米的五象湖水源。

5. 当地气候炎热，营造局部小气候，降低热度。

总平面图

设计思路

从生态出发，立足当地特点，以低影响开发为原则。

当地水果品种丰富，在车行环道两侧设计成观果树——果林带，为在繁忙都市生活的酒店入住客人提供与大自然亲近的机会，满足田园生活的向往之情。它也可以作为生态系统中的一环，为各种野生动植物提供食物，改善城市生态环境的物种多样性。

保留基地地表原有的径流通道，此区域成为南北区（公共、私密区）共享景观带，成为生态过程的通道及承载山体雨洪的蓄水盆地。通过机械提升把低于基地10米的五象湖活水引入原有冲沟，用人工湿地岛逐级分层过滤净化。

南区通过估算雨水容量，组织汇水面积并设置蓄水溪流，埋暗管与北面蓄水池相连。借此把南区六栋建筑做了相对私密独立的分隔，形成一条兼具蓄水功能的景观溪流。

2015年4月初，住房城乡建设部联合财政部、水利部公布了首批16个海绵城市建设试点，南宁是其中之一。设计师表示："时至今日回想那时的设计构想与海绵城市的指导思想是一致的。"

2015年10月17日，由国家住建部城建司司长张小宏带队的住建部调研组来到五象山庄视察海绵城市设施建设情况。他对五象山庄的海绵城市工程给予了高度评价，"这是值得作为借鉴和推广的样板工程、标杆项目。"

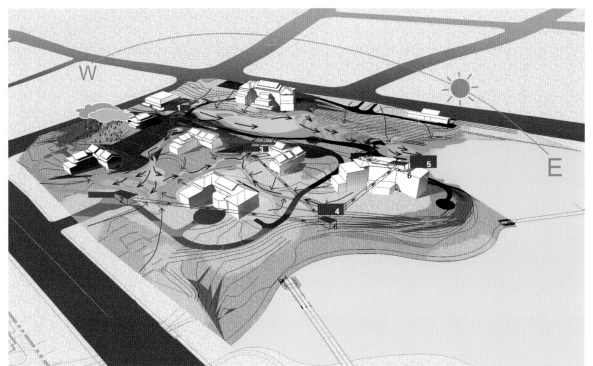

水流分析图
1. 常水位 107
2. 常水位 105
3. 常水位 103
4. 常水位 98
5. 常水位 86.5
6. 水泵

水体
净化湿地
雨水花园
→ 水流方向
→ 雨水径流
→ 抽水方向

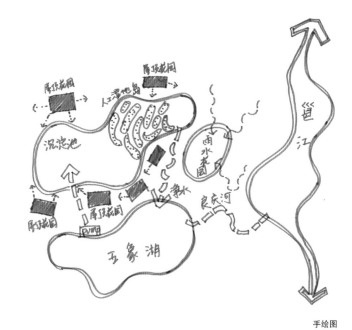

手绘图

项目地点：浙江省，温岭市
景观设计：一方国际
设计团队：邵文威、金越延、闫梦捷、赵思琪、陈晨等
主持景观设计师：栾博、王鑫
业主：浙江利欧集团股份有限公司
面积：34 公顷
摄影师：一方国际

产业园可持续水管理示范系统景观设计
——利欧集团新厂区海绵建设

自"海绵城市"概念提出以来，中国已经进入了推进海绵城市建设的快速发展期。浙江省温岭市东部新城位于浙江温黄平原，围塘造陆后逐渐形成滨海滩涂，是水生态敏感的关键区域。浙江省温岭市在 2011 年已经开始绿色基础设施建设规划，在 2015 年温岭市东部新区政府更在湿地综合整治、农业休闲园、生态自然课堂校园、河道游憩综合利用、产业新区等领域展开海绵城市设计建设应用，是国内海绵城市建设的实践先锋。

本项目为浙江利欧集团的"产业园可持续水管理示范系统景观设计"，场地位于温岭东部新区南部，总用地面积34 公顷，如何组织雨水管理、排水防涝、提高雨水资源化利用、源头控制径流污染是本案的可持续水管理系统设计的关键。

本案以雨水的可持续管理为核心，融合园区办公生活与形象展示的需求，通过"水生万象"的概念实现下述设计理念：
1. 构建生态化雨水链条，有效控制径流污染与雨水径流总量
通过绿色屋顶→雨水花园→梯级净化湿地→植被浅沟→雨水滞留塘，实现蓄滞能力达到一年一遇的暴雨标准，年径流总量控制率高于 85%，减轻了市政雨水管网的压力。

2. 构建雨水循环利用系统，实现雨水资源化

温岭是缺水城市，蓄积的雨水通过循环系统再利用，作为园区植物灌溉、生产用水、水泵测试等。因各月份的降雨量、蒸发量不同，设计团队提出了具有水适应性的设计方案，体现水生万象的概念。

3. 营建雨水适应性景观，融合企业园区的办公与生活需求

本案同时兼顾园区休闲功能。以水为纽带，将景观平台、广场、健身场地、篮球场串联起来，作为企业员工的日常娱乐休憩的活动场所。

4. 将企业产品融入水管理流程，巧妙展现品牌文化

将休憩停留空间、雨水花园、雨水塘等作为企业文化展示区，通过将水泵产品装置艺术化，并把雨水提升和循环设备的应用纳入标识系统展示的方式，将企业文化融入园区的生态休憩景观中。

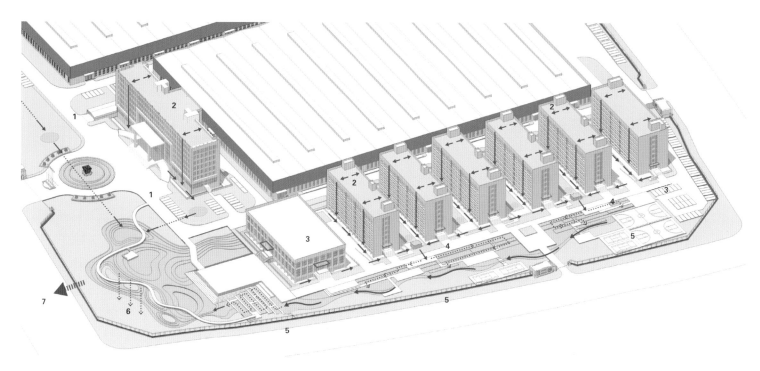

雨水处理分析图
1. 雨水花园
2. 屋顶绿化
3. 植草沟导流
4. 雨水收集
5. 植物根系净化
6. 蓄水池净化
7. 排入河流

水循环示意图

效果图

效果图

水流向

3

城市水系

项目地点：河北省，迁安市
设计单位：土人设计（Turenscape）
首席设计师：俞孔坚
项目规模：135 公顷
甲方：迁安市建设局
摄影师：俞孔坚

迁安三里河绿道

本项目位于河北省迁安市东部的河东区三里河沿岸，该项目将截污治污、城市土地开发和生态环境建设有机结合在一起，通过景观建设带动旧城改造和新城建设；把带状绿地作为生态基础设施来建设，发挥景观作为生态系统的综合生态服务功能。占地约 135 公顷，绵延全长 13.4 千米，宽度约 100~300 米，为一带状绿公园，上游由引滦河水贯穿城市之后，回归滦河。经过两年的设计和施工，一条遭遇严重工业污染、令全市人民为之伤痛的"龙须沟"，俨然恢复了当年"苇荷相连接，鱼鳖丰厚，风光秀丽"的城市生态廊道。

迁安市位于河北省东北部，燕山南麓，滦河岸边，主城区虽西傍滦河，但由于地势整体低于滦河河床，高高的防洪大堤维系城市的安全，却被隔离在外，有水却不见水。三里河为迁安的母亲河，承载着迁安的悠远历史与寻常百姓许多记忆。她卵石河床，帮底坚固，因受滦河地下水补给，沿途泉水涌出，清澈见底，暑月清凉，严冬不冰。虽久经暴雨洪水冲刷和切割，但河床依然如故，从无旱涝之灾，素有"铜帮铁底"之称，为沿岸工农业生产提供了极为丰富的水利资源。1913 年李显庭就在三里河创建了迁安第一座半机械化造纸厂，开北方造纸之先河。1917 年兴建水利碾磨坊，1920 年以后沿河各村先后建水磨坊 8 处。这种原始的水利碾磨在三里河上一直沿用到20 世纪 60 年代中期才为电力所代替。70 年代以后，由于城关附近工业不断发展和城镇人口的增长，大量工业废水和生活污水排入河道，水质遭到严重污染。同时，随着区域水资源的减少，滦河水位严重下降，三里河干枯，河道成为排污沟，固体垃圾堰塞河道，昔日的母亲河成为城市肌体上化脓的疮疤，更是广大居民心中的剧痛。

场地设计总平面图
1 喷泉（水系统入口）
2 自行车道
3 森林
4 广场和桥
5 社区花园
6 儿童游乐场
7 环境艺术装置
8 观光塔
9 生态排水沟
10 湿地

绿道的 3D 模型及其转变过程
利用滦河河床和城市之间的高差，设计创造了一处以河流为中心的公共空间，融合了雨洪管理、生态栖息地修复、休憩与艺术功能，并促进了城市的发展。

1. 滦河
2. 水源
3. 绿道两岸城市开发
4. 三里河绿道
5. 排水口
6. 历史上的天然河道
7. 受到污染的河道
8. 经过生态修复的河道

于是，市政府决定彻底改变三里河面及两岸面貌，全面实施三里河生态走廊工程。2007年初委托"土人"设计。工程包括污水截流，引水和生态重建等所有内容。工程分为三段：上游引水段、中部城市段和下游湿地公园段。从2007年4月开工到2010年初，经过持续的建设，除下游湿地公园仍然在建外，其他两段均告完成。"芦苇丛生、绿树成荫、雀鸟栖息"的优美环境已然重现在这座北方钢城。

生态廊道的设计充分利用自然高差，将被防洪堤隔离在外的滦河水从上游引入城市，源头处形成地下涌泉，进入城市并改善其生态条件后，又在下游归流入滦河；考虑到滦河水量的不确定性，三里河设计为串珠式的下洼式"绿河"，即使在没水的时候，也能保持串珠状的湿地，同时结合城市雨水收集和中水的生态净化和回用，使绿带具有雨洪调节功能，深浅不一、蜿蜒多变的拟自然河道设计，营造一个多样化的生物栖息地；场地中原有树木都保留，从而形成众多树岛，令栈道穿越其间；整个工程倡导野草之美和低碳景观理念，大量应用低维护的乡土植被，水草繁茂，野花烂漫。沿绿带建立了一个步行和自行车系统，与城市慢行交通网络有机结合，向沿途社区完全开放，营造出一派人与自然和谐相处的新时代城市景象。

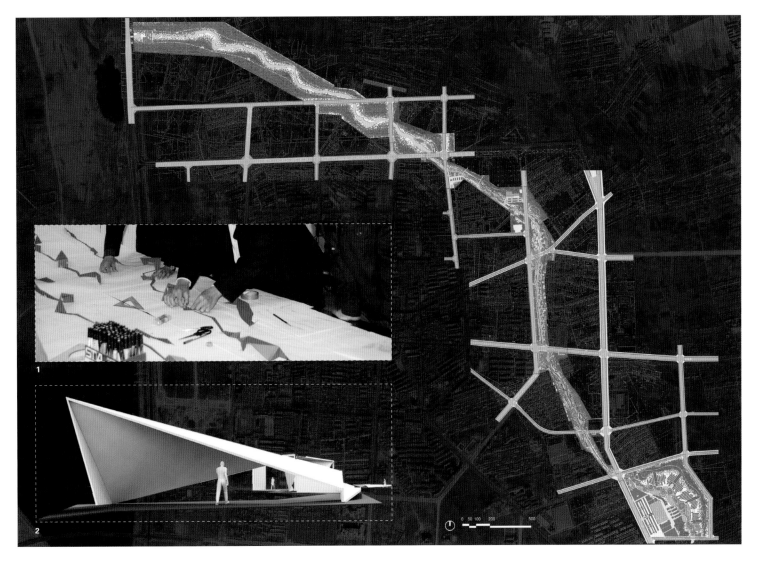

1. 设计师和当地人共同制作的模型: 折纸装置
2. 实物模型: 折纸装置

融合了艺术的生态修复性景观: 受到迁安地区当地广为人知的民间艺术——剪纸艺术的启发, 800 米长的折纸装置的建造典型的生产性景观, 也标志着设计师、甲方和当地居民合作的设计过程。

 森林　　 灌丛

 水泡　　木栈道

水生植物　　折纸装置

 树岛 (被保护植物)　　自行车道

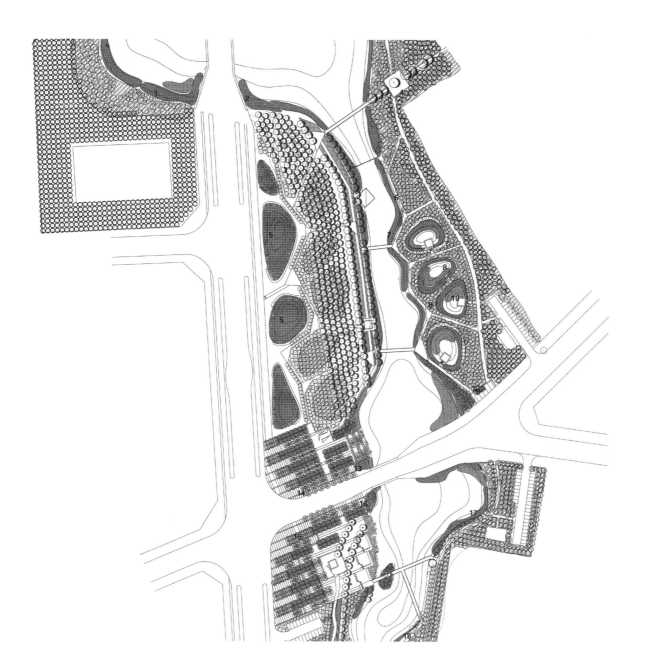

项目地点：浙江省，浦江市
设计单位：土人设计
委托方：浦江县住建局
项目面积：196 公顷

浦阳江生态廊道

"五水共治"是浙江的伟大创造，而浙江的"五水共治"是从治理金华浦江县的母亲河浦阳江开始的。案例通过水生态修复和景观营造拯救了一条曾经被抛弃的母亲河。设计运用了生态水净化、雨洪生态管理、与水为友的适应性设计以及最小干预的景观策略，结合硬化河堤的生态修复、改造利用农业水利设施，并融入安全便捷的慢行交通网络，将过去严重污染的河道彻底转变为最受市民喜爱的生态、生活廊道。设计实践了通过最低成本投入达到综合效益最大化的可能，并为河道生态修复以及河流重新回归城市生活的设计理念提供了宝贵的实际经验。

场地现状与挑战

浦阳江发源于浦江，是钱塘江的重要支流，全长 150 千米，经诸暨、萧山后汇入钱塘。浦阳江是浦江县城的母亲河，河流穿城而过。本案例位于浦江县域范围内，长度约 17 千米，总面积 196 公顷，宽度为 20~130 米。设计范围上游段从通济湖水库坝脚至翠湖，下游段从浦江第四中学至义乌溪。

浦江是"中国水晶之都"，鼎盛时期全国 80％ 以上的水晶制品均产自浦江，全县曾经有 2.2 万家水晶加工作坊，至少有 20 万人直接从事水晶生产。水晶产业一度给浦江人民带来了巨大的物质财富，但隐藏在繁华背后的却是一个极度"危险"的浦江：荡漾碧波被水晶污水吞噬，加之农业面源污染、畜禽养殖污染、生活污水处理水平落后，水质被严重污染。浦江全县出现了 462 条"牛奶河"、577 条"垃圾河"和 25 条"黑臭河"，环境满意度调查连续 6 年全省倒数第一。浦阳江水质连续 8 年劣 V 类，成为全省污染最严重的河流。曾经拥有秀美山水的浦江如今生态危机重重，人们赖以生存的自然环境变得满目疮痍。设计面临的最大挑战是如何通过综合有效的生态修复策略，恢复浦阳江的往日生机。

设计策略

a. 湿地净化系统构建及水生态修复策略

在本次研究范围内共有 17 条支流汇聚到浦阳江，规划提出完善的湿地净化系统截留支流水系，将支流受污染的水体通过加强型人工湿地净化后再排入浦阳江。设计后湿地水域面积约为 29.4 公顷，以湿地为结构，发挥水体净化功效并提供市民游憩的湿地公园的总面积达 166 公顷，占生态廊道总面的 84%。其中具有较强水体净化功效的大型湿地斑块包括：上游段生态改造的翠湖湿地公园（石马溪）、运动公园湿地净化斑块（黄龙溪）、湖山桥湿地净化斑块（桃源溪）、冯村污水处理厂尾水湿地净化公园、彭村湿地净化斑块（五溪）、第二医院湿地净化斑块（和平溪）以及下游的三江口湿地净化斑块（义乌溪）。各斑块设置在对应支流与浦阳江的交汇处，将原来直接排水入江的方式改变为引水入湿地，增加了水体在湿地中的净化停留时间。同时拓宽的湿地大大加强了河道应对洪水的弹性，精心设计的景观设施将生态基底点石成金，使生态廊道成功融入人们的日常生活当中。

通过水晶产业的整治和转型，结合有效的生态净化系统构建，浦阳江目前的水质得到提升。从连续的劣 V 类水达到现在的地表Ⅲ类水，并且水质逐步趋于稳定。

水流

集水

人行道 / 自行车道

公共活动

出入口

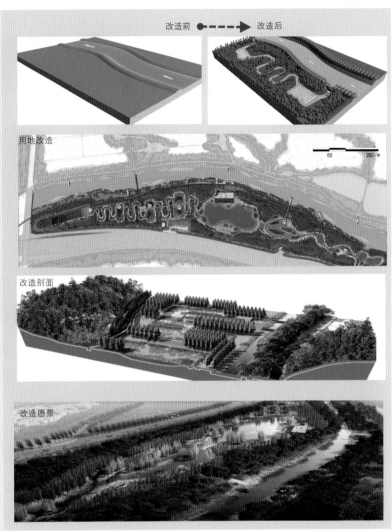

改造前 ●- - - -→ 改造后

用地改造

50   200 /m

改造剖面

改造愿景

b. 与洪水相适应的海绵弹性系统策略

设计运用海绵城市理念，通过增加一系列不同级别的滞留湿地来缓解洪水的压力。据统计，实施完成的滞留湿地增加蓄水量约 290 万立方米，按照可淹没 50 厘米设计计算则可增加蓄洪量约 150 万立方米，一方面这大大降低了河道及周边场地的洪涝压力，另外一方面这部分蓄存的水体资源也可以在旱季补充地下水，以及作为植被浇灌和景观环境用水。原本硬化的河道堤岸被生态化改造，经过改造的河堤长度超过 3400 米。硬化的堤面首先被破碎并种植深根性的乔木和地被，废弃的混泥土块就地做抛石护坡，实现材料的废物再利用。迎水面的平台和栈道均选用耐水冲刷和抗腐蚀性的材料，包括彩色透水混凝土和部分石材。滨水栈道选用架空式构造设计，尽量减少对河道行洪功能的阻碍，同时又能满足两栖类生物的栖息和自由迁移。

上游	中游		下游

原状

灌溉草沟 | 采砂场 / 河道 | | 保护湿地

改造后

木板道衔接森林 | 变采砂场为湖泊，内有相互连接的小岛 | 软化河道，拉近人与河流的距离 | 增加绿道，彰显文化遗产

总平面图

c. 低投入、低维护的景观最小干预策略

浦阳江两岸枫杨林茂密，设计采用最小投入的低干预景观策略最大限度地保留了这些乡土植被，结合廊道周边用地情况以及未来使用人流的分析采用针灸式的景观介入手法，充分结合场地良好的自然风貌将人工景观巧妙地融入自然当中。设计长度约25千米的自行车道系统大部分利用了原有堤顶道路，以减少对堤上植被造成破坏；所有步行栈道都由设计师在现场定位完成，力求保留滩地上的每一棵枫杨，并与之呼应形成一种灵动的景观游憩体验。

新设计的植被群落严格选取当地的乡土品种，乔木类包括枫杨、水杉、落羽杉、杨树、乌桕、湿地松、黄山栾树、无患子、榉树等。并选用部分当地果树包括：杨梅、柿子树、樱桃、枇杷、桃树、梨树和果桑等。地被主要选择生命力旺盛并有巩固河堤功效的草本植被，包括西叶芒、九节芒、芦苇、芦竹、狼尾草、蒲苇、麦冬、吉祥草、水葱、再力花、千屈菜、荷花；以及价格低廉、易维护的撒播野花组合。

d. 水利遗迹保护与再利用策略

场地内现存大量水利灌溉设施，包括浦阳江上 7 处堰坝、8 组灌溉泵房以及一组具有鲜明时代特色的引水灌溉渠和跨江渡槽。设计保留并改造了这些水利设施，通过巧妙的设计在保留传统功能的前提下转变为宜人的游憩设施。经过对渡槽的安全评估以及结构优化，设计将其与步行桥梁结合起来，并通过对凿山而建的引水渠的改造形成连续、别具一格的水利遗产体验廊道。该体验廊道建成后长度约 1.3 千米，是最小干预设计手法运用的成功体现。设计通过在原有渠道基础上架设轻巧的钢结构龙骨并铺设了宜人的防腐木铺装，通透的安全栏杆和外挑的观景平台与场地上高耸的水杉林相得益彰。被保留的堰坝和泵房经过简单修饰成为场地中景观视线的焦点，新设计的栈道与其遥相呼应形成该案例中特有的新乡土景观。通过运用保护与再利用的设计策略，本案例留住了乡愁记忆，也保留了场地上的时代烙印，让人们在休闲游憩的同时感受艺术与教育的价值意义。

项目地点：浙江省，宁波市
设计单位：艾奕康（AECOM）公司
项目面积：2.5公顷（一期工程）
摄影师：艾奕康（AECOM）公司

宁波甬江沿岸滨水公园

设计背景

浙江宁波甬江沿线的大型整治项目将原本无人问津的土地变成现代化的滨水公园，同时融合雨水管理和社区项目等功能。亲水公园位于市中心以东5千米处，将成为宁波国家高新技术产业开发区的重要组成部分。项目的长期目标是为附近的新建社区、技术企业、高等院校和文化设施提供重要的开放空间，其中包括甬江南岸保留下来的一座古代寺庙。

设计构思概述

平台公园

"平台公园"的概念旨在丰富堤坝内容、提升景观以及方便人们走近滨江地区。这一点在阶梯形地貌、建筑以及标志性的平台通道上得以充分体现。该平台通道穿过堤坝，与平台相接，和广场连为一体，并且在西端凸起以俯视甬江风光。该公园改变了人们亲近滨河地区的方式，为娱乐和社交活动提供了安全渠道。

高韧性

宁波位于中国东部海岸，每年都遭受台风和洪水的威胁。当地意识到海平面在上升以及遭受极端天气事件的可能性越来越高，而经过恢复的湿地能够成为一道"柔性边界"（soft edge），成为抵挡台风暴雨袭击的强韧的第一道防线。堤坝外的新建建筑能够抵御洪水时期的水面上涨。同时，该湿地为鸟类和水生生物提供了重要的栖息地，而本地的野花和草地为河岸动植物提供了多样化的栖息地。

由于堤坝内的公园区域无法完全欣赏滨江风景，通过应用战略性的土方平衡管理雨水，并再次利用回填土形成阶梯形地貌，提升地势以观赏江边景色。地面径流或通过生态沼泽，或穿过道路下方卵石之间以及稀疏的碎石，最终汇入公园东侧的生态滞留池。该滞留池为两栖动植物和野禽提供了更多栖息地，也为居民科普生态教育创造了机会。

公园总平面图

场地平面图

项目选择的当地植物包括大量的多年生植物和草类，确保一年四季都有景色，以适应干湿的气候条件。秋冬季节，即使草地花卉凋零，但地被植物、灌木和草地也能够确保景色美观。

人行步道
游客从小区正门对面进入公园，映入眼帘的首先是一个广场以及丰富多彩的中央草地，提供了市民急需的休闲空间。广场由当地浅色石材铺设而成，旨在减少热岛效应。该广场包括：自行车停车和租车区、水面景观、休闲座椅以及能够俯视沼泽地和中央草地的天然石阶。由入口广场分出两条主路，能够直接到达滨江地区以及平台通道。由西侧的主路而行，游客会经过一片位于沼泽地的樱花林。穿过绿树成荫的广场和阶梯性地貌，游客将最终达到一个重要节点。平台甲板令笔直的堤坝滨江大道富有变化，并且与儿童活动区、小商铺、卫生间和平台廊架相连。廊架拥有高大的钢柱和高挑篷，共分为两层，用于遮阴和避雨。此外，这里还有安静的座椅休息区，可以欣赏甬江西侧的日落风光。

以廊架为起点，3 米宽的坡道既是观景平台与平台通道的终点。坡道由钢筋混凝土制成，铺设有复合木材地板。此外，LED 照明位于栏杆扶手下方，以实现晚间光照亮度最大化，减少灯光污染。

标志性的平台通道以观景平台东侧为起点，长 200 米，坡度缓和，可以远眺经恢复的湿地、本地野花和草地。在中国，父母通常在外工作，由祖父母白天照看孩子。因此，一项重要的考虑因素是建设综合性的通道，适合轮椅、婴儿车、儿童三轮车、踏板车，从而方便多代家庭出行。

公园东侧的老码头被重新利用，经改造成为一座观景台，可以观赏滩涂之上的野生生物和河上活动。码头设有轻质遮阳结构以及阶梯式平台座椅，满足不同年龄人群的高度需求。此外，还设有经过改造的系船钢柱，用作河边的休闲座椅，并展现过去的工业文化。

回到滨河大道，游客可以在公园最低洼的地方看到雨水滞留池，同时进入东侧的主路。主入口的风光由另外一种阶梯地貌和樱花林构成。该平台作为缓冲区域，是通向附近的盎孟港路的地标建筑。

社交与文化平台

主交通环线形成周长 600 米的区域，是当地居民日常锻炼的场所。中央草地是用途广泛的家庭活动场地，而广场为太极、交谊舞和健身舞的活动平台。傍晚来临时，公园人气最旺。大量居民来到这里，跳舞、慢跑、玩耍、散步、休息或者在河边欣赏日落。

效果

甬江沿岸滨水公园的建设已经吸引到进一步的投资，用于恢复和扩建邻近的历史建筑法王禅寺，作为宗教活动场地和开发旅游。未来的几期项目将打造水上交通艇站点，往返于城市、滨江地区和文化设施之间。

景观建筑奠定了公园的整体方向、城市设计和可持续性目标，致力于打造景观、社区和高适应性，从而满足不断变化的城市化和气候变化需求，推动可持续和高韧性社区的建设发展。

设计遇到的挑战

项目地块位于一座防洪堤坝后面。由于与堤坝存在高差，以及部分地区大面积的沙坝地带（芦苇湿地）遮挡住了河景，所以地块既不与河道相通，也无法欣赏滨江景色。这些芦苇湿地是重要的生态走廊，将汇入甬江并最终流入东海的余姚河和奉化江连接在一起。考虑到项目地块丰富的资源，景观建设师受命制定一座 83 公顷公园的总体规划框架。一支多学科团队参与到总体规划的制定，建立起一系列的开放空间"平台"。这些平台能够推动社会交流、提供教育和文化探索机遇，并且强化新区和滨水地区的生态系统。

效果图

项目一期建设了一座 2.5 公顷的社区公园。之前存在的设施包括一些非法建筑、无人问津的绿地和废弃的混凝土码头。地块附近有一个人口密度较高的高层回迁社区，由于地面硬化而缺乏足够的开放空间。这种以住房为主的景观导致难以进行户外活动，难以亲近自然，并且有可能导致静止化的生活方式，产生不利的健康影响。

项目地点：湖南省，长沙市
设计单位：SWA 集团
面积：92 公顷
摄影：SWA 集团

自然之韵——巴溪洲岛生态栖地与人文景观修复重建

长沙巴溪洲岛绵延 3.2 千米，设计源于长沙的地理和文化传统，将一个被洪水、侵蚀和失去栖息地困扰的岛屿改造成一座生态多样性公园，让 700 万人口的长沙城重新回到湘江的怀抱。

本案是湘江 15 个岛屿修复重建规划中的一个试点项目。设计创新性地放弃了传统的加固岛屿边缘防洪措施的做法，而是利用河流的波动起伏，针对城市发展与自然环境之间的关系建立了一种新的态度。

巴溪洲岛上，林地步道和文化景点交织，阶梯式湿地可以抵御季节性的浸水。岛上为鸟类和野生动物提供多样化的栖息环境，同时也为人口日益增长的长沙提供了一片适合休闲郊游的世外桃源。通过此次的设计经验，巴溪洲岛为该地区乃至更广大范围内今后的岛屿开发树立了一个成功的标杆。

设计过程

巴溪洲岛是湘江上的 15 个岛屿之一，蜿蜒穿过 700 万人口的熙熙攘攘的长沙城。虽然这些沙洲在几个世纪以来洋流的作用下已经形成，但季节性的洪水、湍急的水流和人为的单一作物栽培仍然造成日益严重的侵蚀、稳定性的破坏和栖息地的丧失。近几十年来，当地的岛屿开发项目采用了防御性的策略，将陆地地块抬升到洪水线之上，并用混凝土加固边缘，以避免因洪水泛滥造成破坏。这样的方法导致出现坚硬的不透水界面，驳岸贫瘠，人们无法接触到水体，切断了人与河流之间一贯保有的、传统的紧密联系。

面对城市发展与自然环境之间的关系问题，当地政府寻求建立一种新的态度。从前用作苗圃的巴溪洲岛，现在的定位是作为一个试点项目，探索以可持续的方式应对岛屿环境的退化，同时为不断增长的城市人口提供休闲空间和娱乐设施。

自然为本，提升环境恢复力，重建生境多样性

景观设计师领导本案的跨学科设计团队，以湘江的波动起伏作为设计的出发点，让设计顺应——而不是违背——河流。景观设计师与工程师、水文专家和当地生态专家密切合作，制定了一系列的策略，将科学与设计融合在一起，提升土地稳定性和栖息地多样性，同时兼顾人文景观体验，让人们享受探索湘江自然美景的过程。

为增强岛屿承受 5.5 米的年水位波动的能力，经过精密计算，岛屿的地势进行了调整。根据原有地形，形成了一系列的定向截水沟，就像在河水的冲刷过程中自然形成的一样，边冲边淤，保持河流在汛期的承载力不变，同时降低了水流的流速，以减少侵蚀。海拔较高的地方常年保持干燥，修建了永久性的展览中心、亭台楼阁、广场和游乐场等，包括交错的步道和木板路，让人们可以观赏洪水淹没岛屿部分地区的壮观景象。

东部河岸水流湍急，因此安装了水下木堤，让水陆边界更稳固，以便建设河岸沿线的阶梯式湿地。河岸线上栽种坚韧的深根湿地植物，有助抵御河水侵蚀。西部河岸以及湿地内的水渠，驳岸都保持着柔软的状态，添加了大量的巨石，稳定河槽，使水充满氧气，也为野生动物提供了栖息地。

地形的变化是决定植被设计的基础，岛屿上的植被结构围绕着不同的海拔及其各自的潮汛情况展开。设计采用中国河流环境典型的原生植物品种，创造了多样化的生境和景观特色，从水边的湿地和沼泽过渡到海拔较高的季节性林地。这种多样性增加了整个岛屿的生态恢复力，而湿地也减少了岛屿对河流水质的影响，因为来自道路和广场地面的雨水径流在经过湿地的过滤后，才流入湘江。

建筑材料主要取自当地；如果可能，尽量使用回收材料，以降低成本以及对环境造成的影响，同时也有助于突出当地的环境和人文特色。沿岸及挡土墙采用当地的宁乡石，从苗圃回收的木材用于游乐场的设计，也成为一大特色。蜿蜒的木板路采用一种压缩竹材建造，成功诠释了如何通过技术创新利用普通的本地资源，提升设计表现力。

施工期间发生的洪水相当于对设计的全面测试，也提供了评估植被性能和工程设计表现的机会。洪水过后，设计师对植物选择进行了微调，只留下最坚韧的品种，并且延长了岸堤，以提高沿岸的稳固性。设计师与当地大学的生物学家合作，进行了深入的研究，提高了2万株移植水杉树的成活率，从一般的平均50%提升到85%以上。

打造休闲胜地，让长沙再见湘江

巴溪洲岛的设计源于自然，旨在唤醒生态环境的活力。同样，它也从当地历史文化中汲取灵感，创造出充满活力的休闲娱乐场所，让长沙人回归湘江。从历史上看，中国人与河流一贯有着紧密的联系——城镇沿河岸扩张，河流也是与外部世界联系的贸易路线。当代的开发往往把这一传统抛在一边，但巴溪洲岛的设计却直面挑战，一方面紧扣中国人世世代代扎根河流的文化根源，另一方面也兼顾了现代城市化社会的新习惯和新需求。

像研究和展览中心这样的文化旅游景点能让人们进一步了解湘江，而绿地和游乐场的设计也抓住重要的文化概念，以艺术的形式加以表现。在占地3公顷的"龙公园"里，"龙"这一与中国水文化紧密相关的神话生物成为设计的灵感之源，设计采用回收的木材以及当地的石材和植物，让"龙公园"成为长沙市民全家出游的不二选择。作为一个整体，巴溪洲岛既是一个大型的自然环境展览，也是飞速发展的长沙城的中央公园，又是中国河流文化的象征，让你认识河流永恒的使命——带你去旅行。

从荒芜的沙洲到充满活力的湘江公园

自2014年建成以来，巴溪洲岛经历了数次洪水而岿然不动，成为当地居民和游客的热门旅游胜地。巴溪洲岛重建项目的造价只有同等规模的常规混凝土式岛屿开发的七分之一，但事实已经证明，该项目成功实现了预期的双重目标——重焕岛屿自然环境的活力，同时为不断增长的长沙人口提供一座滨水公园，在不同的季节里带给人们不同的自然环境体验。设计遵循湘江的自然之韵，建立了一个成功的原型，可以应用在世界范围内，应对洪水和雨水管理的挑战，同时保护了文化传统，为该地区乃至更广大范围内今后的岛屿开发树立了一个成功的标杆。

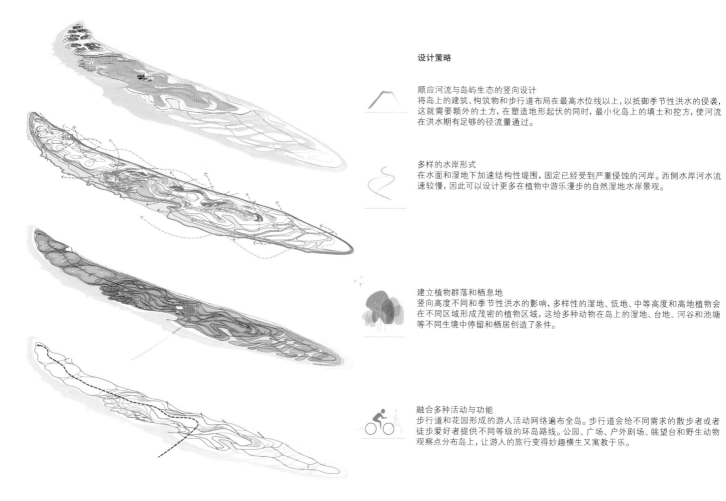

设计策略

顺应河流与岛屿生态的竖向设计
将岛上的建筑、构筑物和步行道布局在最高水位线以上，以抵御季节性洪水的侵袭，这就需要额外的土方，在塑造地形起伏的同时，最小化岛上的填土和挖方，使河流在洪水期有足够的径流量通过。

多样的水岸形式
在水面和湿地下加速结构性堤围，固定已经受到严重侵蚀的河岸。西侧水岸河水流速较慢，因此可以设计更多在植物中游乐漫步的自然湿地水岸景观。

建立植物群落和栖息地
竖向高度不同和季节性洪水的影响，多样性的湿地、低地、中等高度和高地植物会在不同区域形成茂密的植物区域，这给多种动物在岛上的湿地、台地、河谷和池塘等不同生境中停留和栖居创造了条件。

融合多种活动与功能
步行道和花园形成的游人活动网络遍布全岛。步行道会给不同需求的散步者或者徒步爱好者提供不同等级的环岛路线。公园、广场、户外剧场、眺望台和野生动物观察点分布岛上，让游人的旅行变得妙趣横生又寓教于乐。

巴溪洲现状岸线

东岸
河流宽阔，水流速度快，造成大量水土流失

西岸
河流狭窄，水流速度慢，造成泥沙淤积，形成天然湿地

软质 / 西岸
水流: 慢
边界: 无堤围
边界形态: 曲线
植物种类: 镶嵌湿地植物

硬质 / 东岸
水流: 快
边界: 水面下工程堤岸
边界形态: 相对平直
植物种类: 深根湿地植物

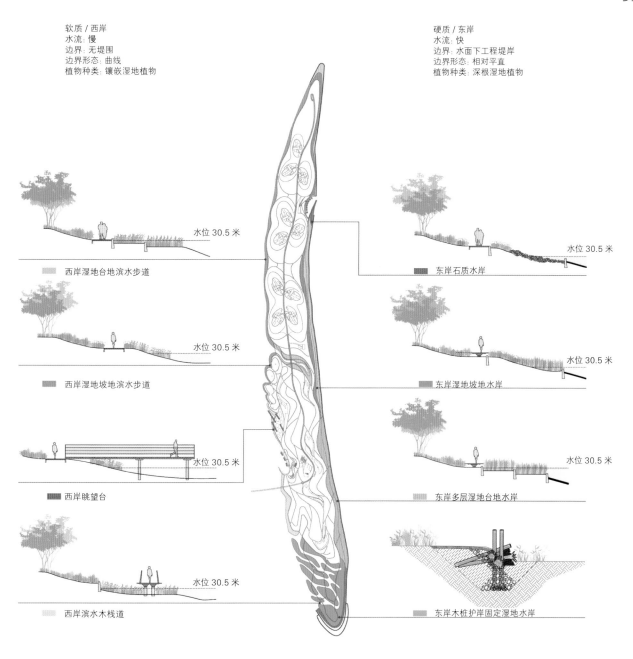

水位 30.5 米

西岸湿地台地滨水步道

水位 30.5 米

西岸湿地坡地滨水步道

水位 30.5 米

西岸眺望台

水位 30.5 米

西岸滨水木栈道

水位 30.5 米

东岸石质水岸

水位 30.5 米

东岸湿地坡地水岸

水位 30.5 米

东岸多层湿地台地水岸

东岸木桩护岸固定湿地水岸

建立植物群落和栖息地
通过高程定义植物群落

■ 27~30.5 米
❖ 开放水面
❖ 选择适应性强的挺水植物品种,例如芦苇、香蒲、石菖蒲、杞柳

■ 30.5~31.5 米
❖ 季节性洪水淹没区
❖ 选择挺水植物品种,例如石菖蒲、纸莎草、灯芯草、千屈菜、再力花、鸢尾、睡莲

■ 31.5~32.5 米
❖ 每年一个月左右水淹时间
❖ 选择可被水淹没两个月的植物,例如柳树、水杉、落羽杉、狼尾草、芒草、日本血草等

■ 32.5~34.5 米
❖ 每年 10 到 15 天水淹时间
❖ 选择可被水淹没 5 天的植物,例如水杉、竹子、梅树等

■ 高于 34.5 米
❖ 低洪水频率(十年一遇)
❖ 选择可忍受低频率水淹的陆地植物,例如银杏、樟树、紫薇、桃树、萱草、麦冬等

东侧水岸(高速水流)
杞柳 高: 800 厘米

东侧水岸 / 水湾(高速水流)

杞柳
高: 8 米

香蒲
高: 100~120 厘米

芦苇
高: 150~220 厘米

水葱
高: 100~200 厘米

东侧水岸 / 水湾(低速水流)

柳树

石菖蒲
高: 30~40 厘米

水葱
高: 100~200 厘米

灯芯草
高: 90 厘米

香蒲
高: 100~120 厘米

湿地区域

杞柳
高: 800 厘米

柳树

芦苇
高: 150~220 厘米

香蒲
高: 100~120 厘米

孔雀蔺
最深水位: 5 厘米

小香蒲
高: 30~50 厘米

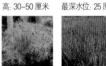
菖蒲
最深水位: 25 厘米

池塘(静水面)

睡莲
最深水位: 30-80 厘米

鸢尾
高: 40~50 厘米

小香蒲
高: 30~50 厘米

再力花
高: <700 厘米

纸莎草
高: 400~500 米

光杆轮伞莎草
高: 90~150 厘米

千屈菜

河岸草地

狼尾草
高: 30~100 厘米

紫光狼尾草

晨光芒
高: 150 厘米

灯芯草
高: 90 厘米

日本血草
高: 90 厘米

地河岸陆地森林

水杉
高: 30 米

落羽杉
高: 30 米

柳树

青皮竹
高: 9~12 米

郁李
高: 3~4 米

水鬼蕉
高: 20~50 厘米

高地森林

银杏
高: 30 米

紫薇

樟树

麦冬
高: 30~40 厘米

葱莲
高: 30~40 厘米

萱草
高: 30~100 厘米

沿阶草
高: 9~12 米

八角金盘
高: 80~150 厘米

竖向设计 / 填挖
现状高程　　　　　　　　　设计高程　　　　　　　　填挖　　　　洪水流向分析

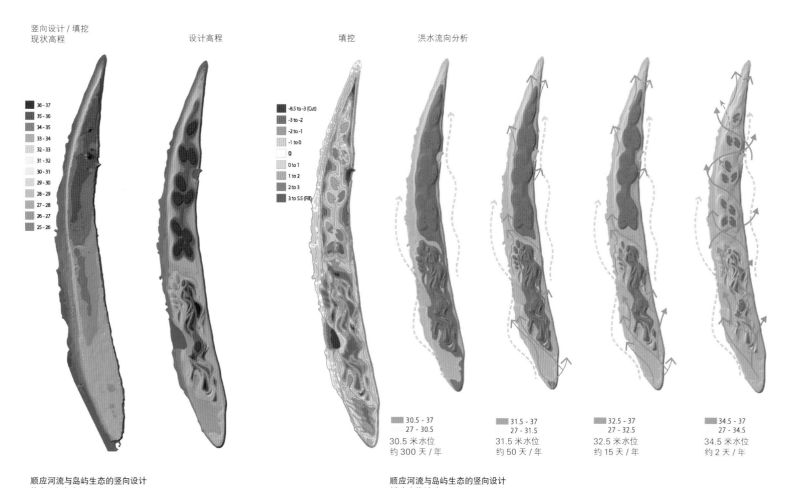

36 - 37
35 - 36
34 - 35
33 - 34
32 - 33
31 - 32
30 - 31
28 - 29
28 - 29
27 - 28
26 - 27
25 - 26

-8.5 to -3 (Cut)
-3 to -2
-2 to -1
-1 to 0
0
0 to 1
1 to 2
2 to 3
3 to 5.5 (Fill)

30.5 - 37
27 - 30.5
30.5 米水位
约 300 天 / 年

31.5 - 37
27 - 31.5
31.5 米水位
约 50 天 / 年

32.5 - 37
27 - 32.5
32.5 米水位
约 15 天 / 年

34.5 - 37
27 - 34.5
34.5 米水位
约 2 天 / 年

顺应河流与岛屿生态的竖向设计
挖方（立方米）
541,557
填方（立方米）
639,267
净填方
−97,710

顺应河流与岛屿生态的竖向设计
缓冲水位波动
景观的设计是通过不同高度的不同植物群落来缓冲消化季节性洪水对岛屿的影响，
护堤的设计也允许水流穿过岛屿。
灵活的竖向设计
灵活的竖向设计使得在保证洪水期的流量规模下，整个岛上的填土和开挖都保持
最小。

项目地点： 河北省，张家口市
设计公司： 王和祁（北京）建筑景观设计有限公司
设计师： 王俊、杨瑞云、李娟娟
项目面积： 8.4 公顷
摄影师： 杨瑞云、李娟娟

怀来县沙河滨河景观

东沙河是一条多泥沙季节性河流，发源于怀来县水口山东北，流经马峪口、头二营、安营堡、二堡子、永安村、小辛庄，先后穿越 110 国道和京包铁路后，再向南行过刘家园村，在西水泉村汇入永定河。

本项目的设计改造范围包含从府前东街至三堡街之间的河段，总长约 2.1 千米，分为两期实施。河道东西两侧主要是居住区，人口密度大；并且府前东街和董存瑞东街的车流量较大，使得与此相交的带状滨河区域也具有了同样重要的交通功能。

此外，滨河公园紧邻沙城文化公园，可以看作是公园的带状延伸，它的建成不仅会大大增强公园的可达性，也将满足并实现更多周边居民对于公共开放空间的渴求，并为他们观赏东沙河美景营造了理想的场所。

场地原状存在的问题

1. 参与性差

人与水、道路、植物彼此孤立，活动空间匮乏，滨河公园的利用率被大大降低。

2. 被低估的交通功能

滨河道路仅两米宽，可容纳的人有限，使得道路的利用率低。

3. 景观匮乏

直线形的河道缺少空间变化，冬季呈现干涸的状态，像一道巨大的混凝土伤疤分隔了东西两岸，景观效果差。

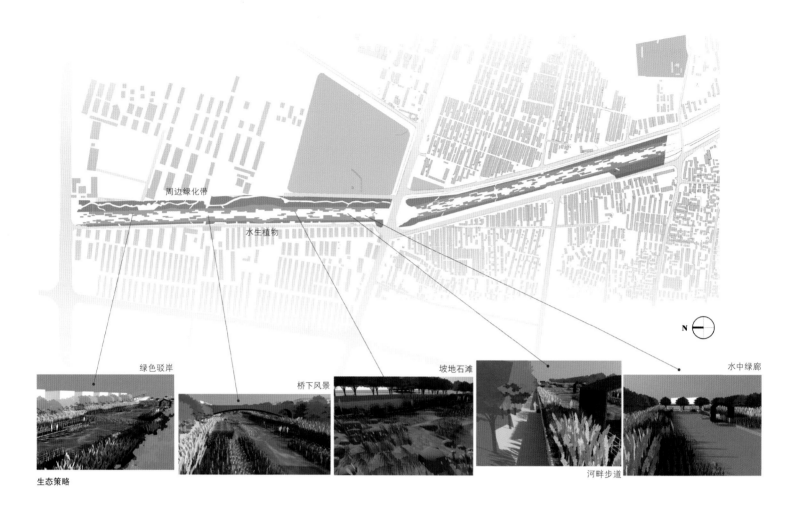

周边绿化带

水生植物

绿色驳岸

桥下风景

坡地石滩

水中绿廊

河畔步道

N

生态策略

4. 缺少无障碍通道

滨河步行道的设计坡度过大，不能满足无障碍通道的要求。

设计思路

由于该路段具有重要的交通功能，设计将它作为城市绿色开放空间的组成部分以及具备综合用途的公共基础设施。
设计时首先分析路段的环境条件和交通情况。对周边环境连同人流方向和人流量进行了评估，用来指导设计方案
的规划。

一期平面图

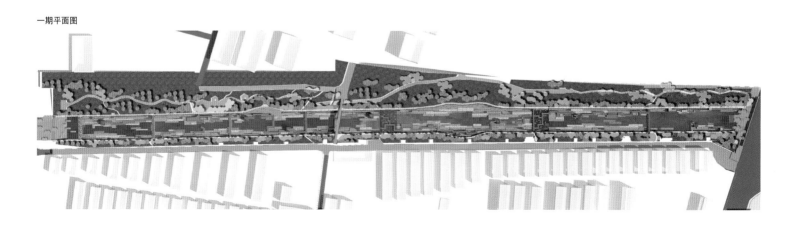

东沙河自北向南贯穿整个城市中心，绝大部分河道改建成混凝土表层以满足泄洪需要，河道设计以最大洪水量为依据。

此外，从生态角度来看，混凝土表面的蒸发系数更高，加大了河水的蒸发量。如何将河道重新融入文化和社会背景，并将滨河景观营造与生态修复结合，是重点考虑的问题。

设计推演过程

设计从分析现状问题开始，梳理空间关系，并确定改造的重点，在尽可能不破坏原场地基础上进行设计，主要设计内容概括为以下几点：

1. 划分水生植物种植区域，柔化硬质驳岸；
2. 利用栈道打破河岸与河道的界限，将人引向河道；
3. 增加休息平台及活动空间，提高河道周边的利用率；
4. 丰富周边种植，形成生态驳岸，打造出一条滨河绿色走廊。

设计细节

无障碍设计改造

一期南部广场（河道与董存瑞东街交口处），由于人流量比较大，设置专门的无障碍坡道作为出入口，由于空间限制，采用折坡的形式并设置引导标识，建立连续的完整的无障碍通道。

土工袋装土　　围合成的种植池

冬季溜冰场的可能性

一期南端广场作为交通枢纽,具有可达性,设计师希望它能够吸引更多人进入滨河公园,为公共活动创造更多选择。考虑其冬季转变为溜冰场的可能性,将该地点作为冬季室外活动的吸引点。

点缀在水中的服务性构筑物

沿木栈道设置休息亭,选址由周边人流分析与水生植物的情况而定,使其能够充分展示滨河区域的景色。选择木格栅作为亭子造型能够和木栈道很好地融合,并且产生丰富的光影效果。玻璃顶使得其同时拥有了遮阴和避雨功能,此外,模数化的设计方法使组装更加简便,也能根据实际情况对亭子的面积和功能进行现场调整。

植物
土工袋包裹
种植土
箱体

水文计划：恢复边缘自然生态

东沙河是怀来县重要的河流之一，它是保障城市健康和安全的重要绿色板块。要充分发挥其生态服务功能，并以环保科普教育、自然野趣与休闲游览为辅助，体现城市复合功能及景观多样性特征。

水文计划包括水质改善措施，比如径流和水处理系统、创建生态环境、增加沿岸的植被和改造软土基底。蓄洪、水质和生态环境的改善将进一步提升河流的生态性能，缓和场地的环境危机，创造一个健康的河畔生活系统。

水生植物使原先笔直的驳岸线条被自然柔化，并产生丰富的视觉效果；将河道分为若干段，通过分析比较制定出两种绿化方案；木栈道伸入河道中，被茂盛的植被包围，成为舒适的水上绿色通道。周边绿化带根据实际情况补充灌木和地被层种植，提高了视觉的延续性和区域特色，延展了绿化空间。

生态策略

低水位段（水深 <800 毫米）
覆土深度有限，以挺水层和沉水层为主，保证植物群落的净水效果。

挺水植物　　　沉水植物　　　挺水植物　　　沿岸植物

生态策略

高水位段（水深 >800 毫米，有足够的种植空间）

1. 较高的边缘植物层：芦苇和香蒲作为沿岸的第一层种植带，主要起到柔化硬质驳岸，阻挡视线的作用。

2. 丰富的挺水植物层：以水葱、千屈菜、菖蒲、白蓼、美人蕉、水芹为主，辅以荷花、睡莲、鸢尾等，多种色彩和高度的植物搭配构成丰富的景观层次，营造出具有私密性和观赏性的滨河空间。

3. 水下森林：以黑藻、金鱼藻、狐尾藻为主的沉水植物群落生活在水底，吸收水中的营养物质，增加水的含氧量，降低水体的富营养化程度，从而进一步提升河道的生态及水环境质量，持续发挥生态效应；同时，还可以一年四季营造水下植物森林景观。

生态意义——对海绵城市与生态城市建设的探索

怀来县已是国家级园林县城，目前在城市绿地建设中一直在探索将海绵城市和生态城市的思路引入其中。本案在改造中首先引入了海绵城市和生态城市的做法，对水资源的储存和利用重点设计，希望这里能够成为充满活力的城市绿地。

1. 自然化驳岸将有效减少河水蒸发量。
经过设计改造，不同深度的水池为乡土水生和湿生植物群落提供栖息地，开启自然演替进程。驳岸被植物自然柔化，有助于降低河道的导热系数，有效减少河水蒸发量。

2. 滨河公园与海绵城市、生态城市结合的新思路。
改造后的河岸边缘变得柔和自然，部分河道恢复河流的自然特征，同时又保留其原有的保护功能。河道的曲折有利于提高植物群落对径流的净水效率，实现雨污净化，通过本地植物自然过滤雨水径流，促进海绵城市的建设。

剖面图

项目地点：山东省，济南市
设计公司名称：佐佐木景观事务所（Sasaki Associates, Inc.）
客户：山东黄金集团
项目面积：1600 公顷
摄影师：佐佐木景观事务所（Sasaki Associates, Inc.）

济南河北岸

黄河是世界上力量最强大的河流之一。在历史上，这条不可预知的河流摧毁和淹没了无数村落和农田。因此，黄河是济南开发实际空间和心理上的障碍。虽然城市中心位于升高的高原，北部的低地仍是黄河广阔涝源的一部分。这些低地虽然靠近城市中心，在城市扩展中仍被开发忽视。佐佐木景观事务所创新性的总体规划通过用景观吸收洪水的策略解决了开发区的保护问题，为建造可持续的新城区创造了机会。佐佐木为济南新城区制定的概念是人与自然、保护自然资源与将其用于日常需求、建造销售获利空间和建设为人类谋福利空间之间的平衡。

在过去的 20 多年，黄河建成了上游水坝，增强了防洪堤系统，并创造了洪水分散区。这些努力综合起来很大程度上降低了主要洪水的威胁。实际上，今天对新开发区最大的威胁已不是河流，而是人类。过度的开发导致不透水表面的增加以及尺寸过小的基础设施，已不能适应季风性降雨，因此强调对雨洪管理的需求是确定济南社会、经济和环境安全性的关键部分。

规划在实际空间上形成相互交叉的指状结构，成为规划驱动性远景的恰当标志：城市开发和自然系统受到同等重视并密不可分地联系起来。沿指状结构各处，居民离滨水区或主要的公园都不超出短距离的步行范围。该线形的形态还最大限度地增加了城市与景观之间的连接，为社区提供自然视野和通道，增加了开发区的价值。

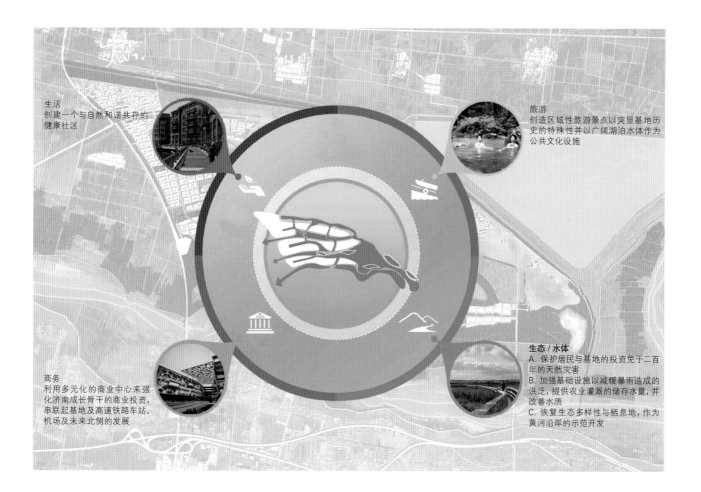

生活
创建一个与自然和谐共存的
健康社区

旅游
创造区域性旅游景点以突显基地历
史的特殊性并以广阔湖泊水体作为
公共文化设施

商务
利用多元化的商业中心来强
化济南成长骨干的商业投资,
串联起基地及高速铁路车站、
机场及未来北侧的发展

生态 / 水体
A. 保护居民与基地的投资免于二百
年的天然灾害
B. 加强基础设施以减缓暴雨造成的
洪泛,提供农业灌溉的储存水量,并
改善水质
C. 恢复生态多样性与栖息地,作为
黄河沿岸的示范开发

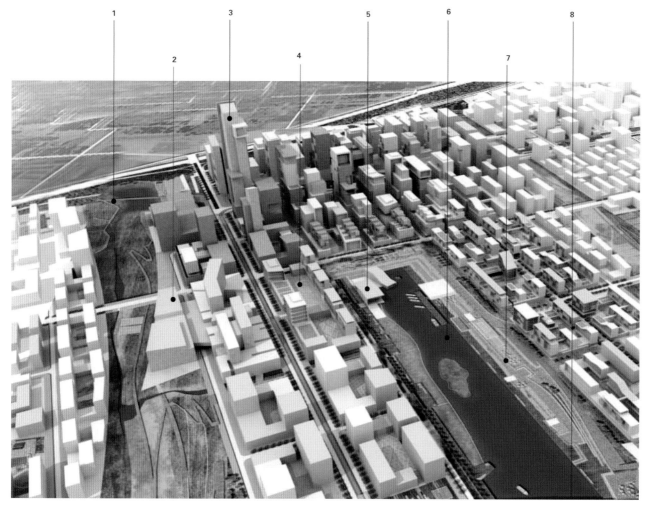

运河区布局图
1. 门户水景
2. 购物中心与宾馆
3. 零售大道
4. 目的地餐饮
5. 都市大运河
6. 滨水艺术广场
7. 景观行人桥
8. 济南美术馆

创新性的规划结合了多个关键原则。首先是保护生命和经济投资不受灾难性洪水的威胁。根据对基地水文详细的研究，该地区所设计的广泛的湿地系统将容纳 200 年一遇的雨洪水量。如果黄河现有的任何堤坝被冲毁，规划将确保仅有非居住空间会被淹没，而住人的地区仍然安然无恙。这些湿地还对改善水质和创造栖息地方面起着重要的作用，增加了区域物种的多样性。除了自然环境之外，规划的另外一个目标是突出济南独特的历史和文化。新的设施包括新博物馆、剧院、各种运动和休闲健身娱乐设施。为了强调新区个性的重要性，这些设施占据着指状结构指尖高度醒目的重要位置。这些市政空间还是该地区混合功能开发模式中的关键元素。彼此靠近的不同用地功能的组合将共同促进经济产出，鼓励创新性，并通过限制对汽车的依赖而减少碳排放面积。

总平面图

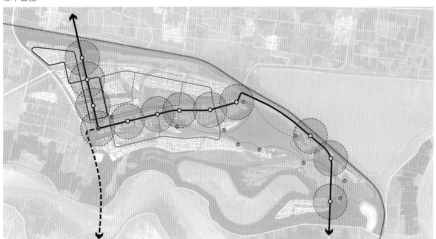

公共交通动线配置

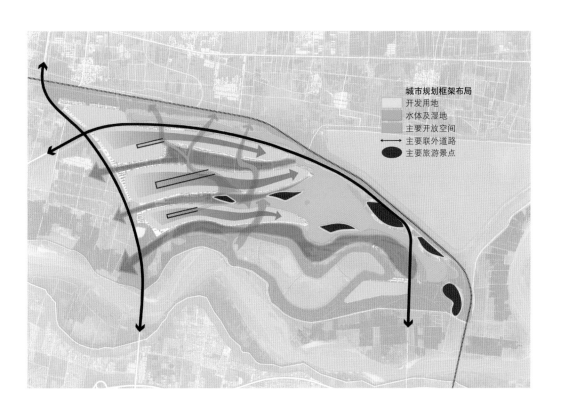

城市规划框架布局
开发用地
水体及湿地
主要开放空间
主要联外道路
主要旅游景点

项目地点：吉林省，长春市
项目总协调：长春市城乡规划设计研究院
项目合作：长春市水利规划研究院
项目规模：235 平方千米，河道总长度 114.3
千米（水系河流总计 26 条）
项目类型：河湖水系规划，生态景观规划

饮马河空港经济区河湖水系水利规划

长春空港经济开发区作为长春乃至吉林省对接世界的窗口与门户，也承担着国家级新区快速崛起与成长的责任与使命，为打造北方寒地生态城市样板摸索实施途径。在保障长春空港经济区防洪排涝安全的基础上，对现状水系进行梳理、调整，建立新城开发建设和生态水系之间的健康关系，提高水安全、保障水生态与水环境，构建可持续发展的生态框架。区域水系网络将有效的防范区域内的洪涝灾害，并尽量控制水质污染问题，蓄滞区、净化系统及入河水质标准控制等，将使再生后的区域一同转变，形成一片更具应变力及适应性的区域。规划通过建立完善的生态框架格局，可巩固已有栖息地环境，并增强其物种多样性。各个生态水系由湖泊/水塘/河流/浅水区/深水区/河漫滩湿地/滨水湿地/高地/湖心岛等多种河流的生态功能性元素组成，为动植物提供多层次多样化生存空间。区域一旦以新的水带开启了岸线活力，这一地带将会被修复并将有更多潜力与可能，形成新的生态廊道。新的生态廊道将通过与慢行系统（包括连续的自行车道及步行系统）进行叠加，这条公共轴线不再只为城市公共绿地存在，也将作为一条"社会的基础设施带"提供给城市全新的公共空间，而不仅仅是传统意义的河流开发。

场地分析

优势

地理位置优越，城市围绕水系进行布局，为未来城市滨水区域及重要景观区域创造良好的生态基础。

自然资源丰富，区域水系较发达，邻接国家级自然保护区，动植物资源丰富。

人文资源，区域具有深厚的历史文化，即将建立的新城现代气息浓厚，古典与现代在此交融。

劣势

自然环境被破坏，河漫滩植被荒芜，土地开垦及农业生产破坏河流的自净能力，生活垃圾被随意倾倒，污水违规排放引发环境问题。

洪涝灾害对场地破坏严重，植物物种多样性少，对洪涝灾害几乎没有抵抗力。

区域大部分为未开发区域，人们的亲水性受到一定的限制。

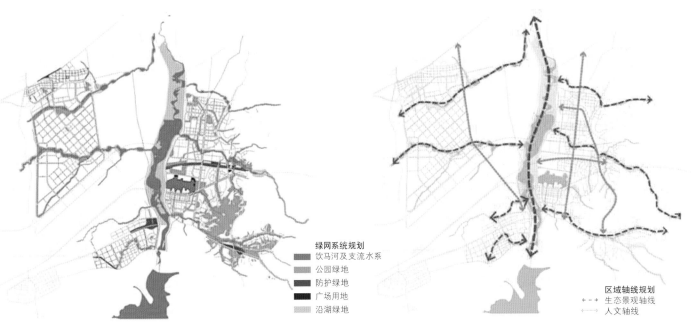

绿网系统规划
饮马河及支流水系
公园绿地
防护绿地
广场用地
沿湖绿地

区域轴线规划
← - → 生态景观轴线
←—→ 人文轴线

机遇

空港新城的建立将塑造新的区域魅力，借助开发建设的契机，与滨水空间互惠互利，共同增加区域投资价值，从而达到生态与经济双赢的理想效果。

挑战

创造城市与自然之间的联系。将地块与水系更紧密的结合。

打造生态景观名片，改善原有自然环境，挖掘场地自然特色。

强化城市的生态功能及可持续开发，在保护场地现有自然、人文条件的基础上，最大限度地发挥其生态、社会效益。

传承当地文化，提炼区域文化特色，融入区域文化生活。

总结

空港新城具有丰富的自然资源，同时也面临着自然灾害和环境的问题，如何抓住新城建立的契机，打造区域滨水空间，创造城市与自然的有机联系是本次设计的关注点。

水安全保障：规划水系布局设计原理。

五个目标：安全、健康、生态、持续、宜居。

四个原则：流域跨度、安全、海绵城市、综合性。

基于国家规范和地方标准，城市发展防护需求制定适应的防洪标准。

从流域跨度综合考虑水系和城市安全，依据海绵城市理念，贯彻低影响开发理念，沿河布设滞蓄区域调控洪水，保证滞蓄。

区域下游河道流量不超过开发前河道流量，布局规划水系形成三级洪涝控制系统。

通过生态净化群落和浅滩滞地净化水质，实现水健康目标。

利用景观手段沿河打造蓝绿网络建立生态廊道。

综合利用和配置水资源，实现城市水系常水面规划。

为城市建设创造优良的微气候，打造宜居滨水空间。

滞留湖滞蓄洪水，调节向下游排放洪水过程。

溢流堰控制下泄流量。

城市开发后，地表径流增加，在不增加河道筑堤高度和改变河流水文形式的条件下，通过滞留湖和溢流堰提高河道防洪标准。

水位图

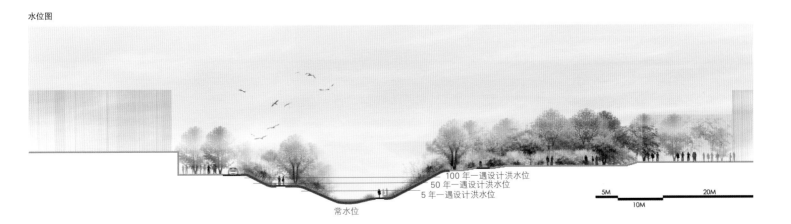

100 年一遇设计洪水位
50 年一遇设计洪水位
5 年一遇设计洪水位

常水位

5M   10M   20M

规划空间布局

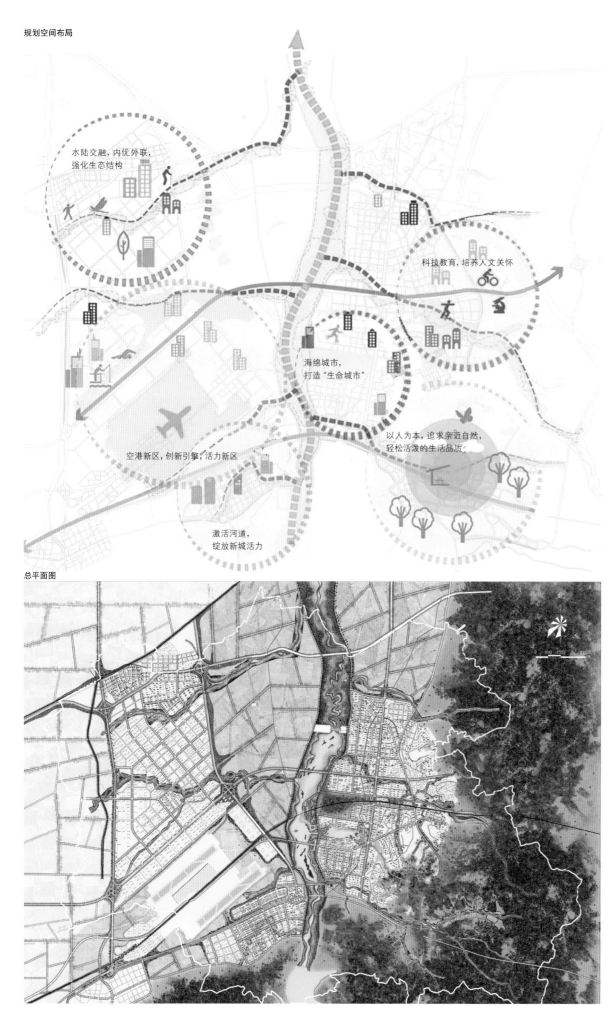

水陆交融，内优外联，
强化生态结构

科技教育，培养人文关怀

海绵城市，
打造"生命城市"

以人为本，追求亲近自然，
轻松活泼的生活品质

空港新区，创新引擎，活力新区

激活河道，
绽放新城活力

总平面图

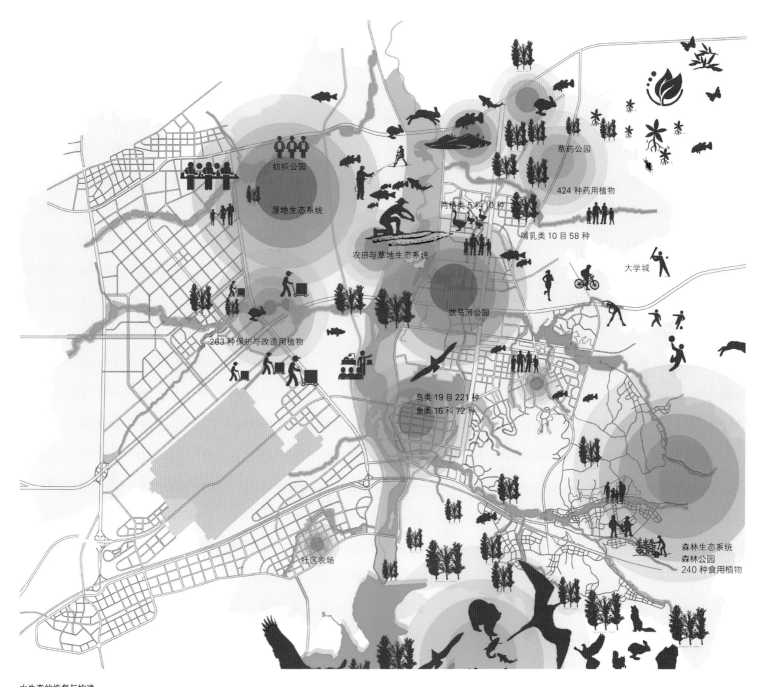

草药公园

424 种药用植物

两栖类 5 科 10 种

哺乳类 10 目 58 种

纺织公园

湿地生态系统

大学城

农田与草地生态系统

饮马河公园

263 种保护与改造用植物

鸟类 19 目 221 种
鱼类 16 科 72 种

森林生态系统
森林公园
240 种食用植物

社区农场

水生态的恢复与构建

活水体验

区域水系网络将有效地防范区域内的洪涝灾害，并尽量控制水质污染问题，蓄滞区、净化系统及入河水质标准控制等，将使再生后的区域一同转变，形成一片更具应变力及适应性的区域。 一旦新的水带开启了岸线活力，这一地带将会被修复并将有更多潜力与可能。

新的水带将通过与慢行系统（包括连续的自行车道及步行系统）的叠加，这条公共中轴线将不再只为城市公共绿地存在，也将作为一条"社会的基础设施带"提供给城市全新的公共空间，而不仅是传统意义的河流开发。

4

湿地系统

项目地点：黑龙江省，哈尔滨市
设计单位：土人设计 (Turenscape)
委 托 方：哈尔滨综合开发建设有限公司
面积：34.2 公顷
摄影：土人设计
获奖信息：
2012 美国景观设计师协会杰出设计奖
2013 世界建筑节 – 景观项目奖优秀奖
2014 Zumtobel Group 奖城市发展与创举类提名奖
2014 罗莎芭芭拉景观奖入围作品

哈尔滨群力雨洪公园

简介

现在的城市雨水处理并不完善，地表水的泛滥很可能造成了严重的水涝问题，景观设计学在解决这个问题上可以起到关键性作用。雨洪公园可被连接并整合到不同尺度的生态基础设施中，作为绿色海绵来净化和储存城市雨水。

挑战与目标

研究表明气候变化导致了前所未有的降雨量增加，由于暴雨导致的城市洪水已经成为全球性问题。在中国，多数城市都处在季风气候中，70%~80% 的年降水都集中在夏季，在一些极端的例子中，每年 20% 的自然降水可以在一天内完成。以北京为例，年平均降水只有 500 毫米，但在 2011 年，仅一天的降水量就达到了 50~120 毫米。因为不渗水铺装的增加，即使在常态降雨情况下，城市雨涝在中国的各主要城市中仍然屡见不鲜。

通常，人们会借助于工程的方法来解决城市雨涝问题：铺设大型排水管道，更大的泵或者建更坚固的堤坝，这种单一的方法带来很多的问题。

1. 经济方面。建造足够大容量的地下管道系统来排放极端暴雨，是十分浪费和昂贵的，而且也会加重我们子孙后代的城市管理和维护负担。

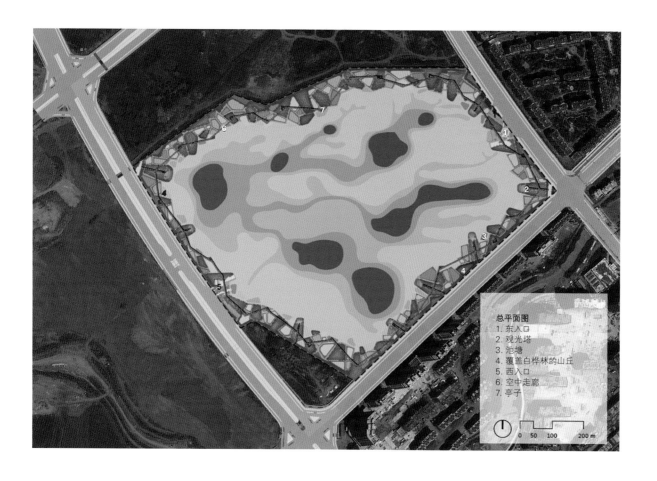

总平面图
1. 东入口
2. 观光塔
3. 池塘
4. 覆盖白桦林的山丘
5. 西入口
6. 空中走廊
7. 亭子

0 50 100   200 m

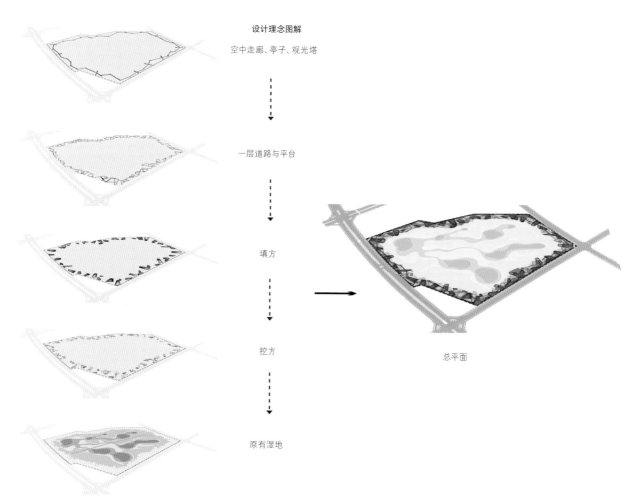

设计理念图解

空中走廊、亭子、观光塔

一层道路与平台

填方

挖方

总平面

原有湿地

2. 水资源短缺方面。中国淡水资源短缺，大都市区域的地下水位下降是一个严重的问题。在 660 多个中国城市里，有 400 个正经历着水资源短缺的问题。比如，在中国的华北地区每年地下水位下降达 2 米之多。由于过度使用地下水，几乎没有给地下含水层以足够的补给，可以看到北京在过去 30 年间，地下水位平均每年下降 1.5 米。所有降到城市的雨水都经由管道排走或引入河流。

3. 生态系统服务方面。工程上的雨水排放系统造成了地表水体的消失，包括水生生境尤其是城市湿地。另外，当所有这些雨水被排走的时候，城市里的公园和绿色空间就需要更多的灌溉，于是就更加剧了水资源短缺问题。

使用具有海绵作用的景观是常规市政工程以外的、能对城市雨洪水管理发挥很大作用的优良途径。这种方法的一个例子是土人设计的哈尔滨群力雨洪公园，综合了大尺度雨洪景观管理和乡土生境的保护、填充地下水、居民休憩和审美体验等多种功能，这些都是支撑着城市可持续发展所必需的生态系统服务。

2006 年，位于中国北方的哈尔滨市，其东部新城——群力开始建设，总占地 2733 公顷。在接下来的 13 到 15 年里，将有 3200 万平方米的建筑全部建成，约 30 万人将在这里居住。仅有 16.4% 的城市土地被规划为永久的绿色空间，原先大部分的平坦地将被混凝土覆盖。当地的年降水量是 567 毫米，60%~70% 集中在 6~8 月份，历史上该地区洪涝频繁。

2009 年，受当地政府委托，北京土人景观承担了这个新城中心一个主要公园的设计，占地 34.2 公顷，原为一块被保护的区域湿地。受周边道路建设和高密度城市发展的影响，湿地面临着严重威胁。最初委托方只要求设计师能想办法维护湿地的存在，土人的设计改变了为保护而保护的单一目标，而是从解决城市问题出发，利用城市雨洪，将公园转化为城市雨洪公园，从而为城市提供了多重生态系统服务：它可以收集、净化和储存雨水，经湿地净化后的雨水补充地下水含水层。由于在生态和生物条件上的改进，该雨洪公园不仅成为城市中一个很受欢迎的游戏绿地，并从省级湿地公园晋升为国家级城市湿地。

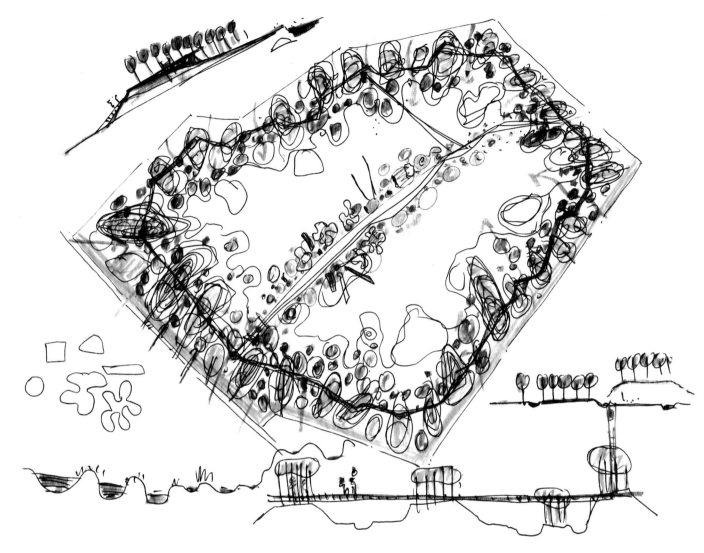

设计概念手绘图

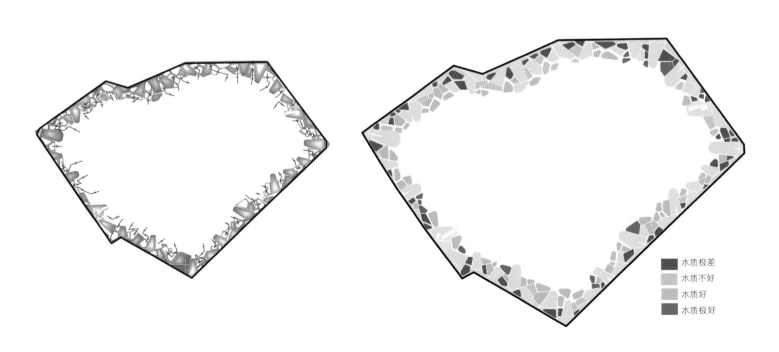

雨水的流向及通过公园周围生态泡的过滤过程

在公园周围生态泡内所观测到的水质变化

水质极差
水质不好
水质好
水质极好

设计方案

该项目中,创新性地运用了许多设计战略:

1. 保留现存湿地中部的大部分区域,作为自然演替区。

2. 沿四周通过挖填方的平衡技术,创造出一系列深浅不一的水坑和高低不一的土丘,成为一条蓝 – 绿宝石项链,作为核心湿地雨水过滤和净化的缓冲区,形成自然与城市之间的一层过滤膜和体验界面。沿湿地四周布置雨水进水管,收集新城市区的雨水,使其经过水泡系统,沉淀和过滤后进入核心区的自然湿地。不同深度的水泡为乡土水生和湿生植物群落提供多样的栖息地,开启自然演替进程。高低不同的土丘上密植白桦林(Betula pendula),步道网络穿梭于丘林和水泡之间,给游客带来穿越林地的体验。水泡中设临水平台和座椅,使人们更加贴近自然。

3. 高架栈桥连接山丘,给游客们带来了凌驾于树冠之上的体验。多个观光平台,5个亭子(竹、木、砖、石和金属)和两个观光塔(一个是钢质高塔,位于东部角落里;另外一个是木质的树状高塔,坐落在西北角)。在山丘之上,由空中走廊连接,通过这些体验空间的设计,使人远可眺公园之泱泱美景,近可体验公园内各种自然景观之元素。

结论

通过场地的转换设计，使湿地的多种功能得以彰显：包括收集、净化、储存雨水和补给地下水。昔日的湿地得到了恢复和改善，乡土生物多样性得以保存，同时为城市居民营造了舒适的居住环境。正因其对生态的显著改善，该公园已晋升为国家级城市湿地公园。

该项目成功地构建了一个雨洪管理样本，以及一套可复制可参考的技术，不仅可在全中国运用，在全球面临相似社会与文化问题的国家也可实践。其可推广性在于该套技术具备以下特点：

1) 低技术要求与可持续性。该项目展示了城市雨洪管理运用简单技术即可实现，并因使用场地材料易于修建，同时维护上实现可持续性的运作也不再是难题。

2) 节省成本。此类雨洪管理生态项目在建造和维护上均成本低廉，因此值得被复制运用，尤其是在发展中国家，发达国家也同样适用。

3) 高效能。针对不同程度的城市内涝问题，均可采用该雨洪管理模式。该项目展示了：如果一座城市将 10% 的土地转变成"绿色海绵"用于吸收雨水，它几乎可以解决当代城市中普遍存在的雨涝问题。

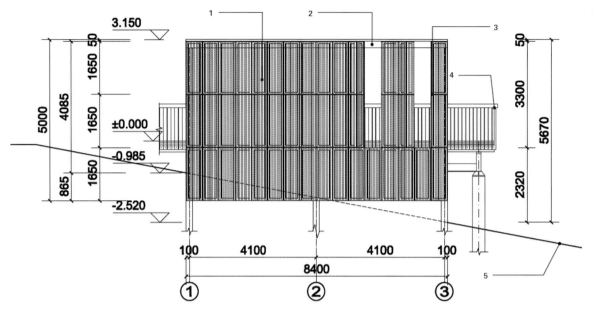

竹亭立面图
1. 竹竿
2. 锈钢板
3. 钢骨架
4. 空中步道
5. 基准线

竹亭纵剖面图
1. H 形钢材框架
2. L 形钢材框架
3. 基准线

公共服务建筑立面图
1. 不锈钢板
2. 铝合金窗灰色喷涂
3. 镀膜中空玻璃
4. 防腐木板 60 毫米 x 30 毫米
5. 不锈钢收边
6. 青灰色氟碳漆喷涂

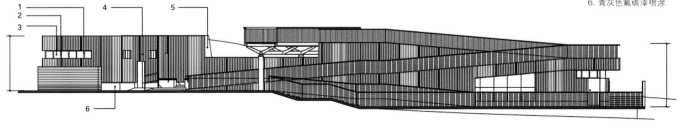

项目地点：贵州省，六盘水市
设计单位：土人设计（Turenscape）
首席设计师：俞孔坚
委托方：六盘水市政府
面积：90 公顷
摄影师：土人设计（Turenscape）
获奖信息：
2014 年美国景观设计师协会设计荣誉奖；
2013 年中国环境艺术设计金奖

六盘水明湖湿地公园

简介

明湖湿地公园位于贵州西部的六盘水市，沿水城河而建。该项目旨在修复河道生态、拓展城市绿地公共空间，同时提升城市河漫滩土地的价值，让湿地成为该市生态基础设施的一部分，并为整个地区的生态服务。经过三年多的设计和修建，明湖湿地公园将原来被污染和渠化的河道恢复原有的生机，并种植各类乡土植被，成为整个城市健康生态系统的重要保障。

挑战与目标

六盘水是一个在 20 世纪 60 年代中期建立起来的工业城市，以其凉爽的高原气候而著称，城市被石灰岩的山丘环抱，水城河穿城而过。城市人口密集，在 60 平方千米的土地上，居住了约 60 万的人口。作为改善环境的重要举措之一，市政府委托景观设计师制定一个整体方案以应对城市所面临的多项挑战，包括：

1）水污染。作为建于冷战时期发展起来的主要重工业城市之一，六盘水以煤炭、钢铁和水泥行业为主导产业。因此，民众长期受到空气和水污染的困扰。数十年来，从工业烟囱排出的污浊空气中的颗粒物沉积在周边的山坡上，并随着雨水径流被带入河流，来自山坡上农田的化学肥料以及散落的居民点的生活污水也一同随地表雨水径流汇入了水体。

2）洪水和雨涝。由于坐落在山谷之中，该城市在雨季容易受到洪水和涝灾的危害，而由于多孔石灰岩地质，到了旱季又易遭受旱灾。所以，季节性雨水的滞蓄和利用非常重要。

3）母亲河的修复。20世纪70年代，为了解决泛滥和洪水问题，水城河被水泥渠化。从此，原来蜿蜒曲折的母亲河变成了混凝土结构的、死气沉沉的丑陋河沟，它拦截洪水及环境修复的功能也丧失殆尽。同时，渠化的河道将上游的雨水直泄入下游河道，引发了下游更为严重的洪水问题。

4）创建公共空间。由于城市人口激增，导致了城市休闲和绿色空间的不足。曾经作为城市福音的水系统已经变成城市废弃的后杂院、垃圾场和危险的死角。因此，在人口密集的社区与生态修复后的绿色空间之间建立起人行通道极其必要。

这一设计的关键技术在于减缓来自山坡的水流，建造一个以水过程为核心的生态基础设施来保存和改善雨洪管理，使水成为重建健康生态系统的活化剂，提供自然和文化服务使这个工业城市变为宜居城市。

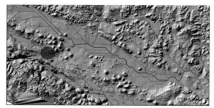

地表雨水径流

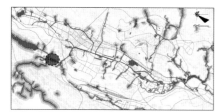

区域雨水管理系统

区域生态基础设施建设理念

区域生态基础设施

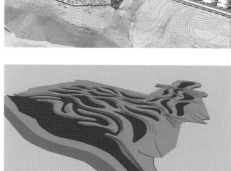

缓坡生态草沟

陡坡阶梯式生态草沟

用地总平面图
1. 水城河
2. 峡谷缓坡生态草沟
3. 坡地生态草沟
4. 陡坡阶梯式生态草沟
5. 明湖
6. 服务中心
7. 彩虹桥
8. 艺术博物馆
9. 观景塔
10. 亭台
11. 台地
12. 新建滨水商业区
13. 新建住宅区
14. 六盘水师范学校

设计方案

六盘水明湖湿地公园项目占地 90 公顷,是该城市规划的综合生态基础设施中首要且至关重要的组成部分。

为了构建完整的生态基础设施,景观设计师同时关注水城河流域和城市本体两方面。首先,河流串联起现存的溪流、坑塘、湿地和低洼地,形成一系列蓄水池和不同承载力的净化湿地,构建了一个完整的雨水管理和生态净化系统,一个绿色海绵体系。这一方法不仅最大程度地减少了城市的雨涝危害,而且保证雨季过后仍然有水流不断。其次,拆除渠化河渠的混凝土河堤,重建自然河岸,使河岸恢复生机,使河流的自净能力大大提高。再次,建造包含人行道和自行车道的连续公共空间,增加通往河边的连接通道。这些绿道将城市休憩和生态空间一体化。最后,项目将滨水区开发和河道整治结合在一起。生态基础设施促进了六盘水的城市更新,提高了土地价值,增强了城市活力。

作为六盘水生态基础设施的主要项目之一，明湖湿地公园的场地位于水城河上游区域，设计师面对的是被渠化的河道、被垃圾和污水恶化的湿地区域、废弃的鱼池及管理不善的山坡地，垃圾遍地、污水横流。作为生态基础设施的示范项目，设计的第一步是重建生态健康的土地生命系统，包括改善雨水水质，恢复原生栖息地，建造通向高品质开放空间的游憩道，最后促进整个城市的发展。为实现这些目标，工程的具体策略包括：

（1）拆除混凝土河堤，恢复滨水生态地带。为各种挺水、浮水和沉水植物提供生境。沿河建造曝气低堰，以增加水体含氧量，促进富营养化的水体被生物所吸收。

（2）建造梯田湿地和陂塘系统，以削减洪峰流量，调节季节性雨水。梯田的灵感来源于当地的造田技术，通过拦截和保留水分，使陡峭的坡地成为丰产的土地。它们的方位、形式、深度都依据地质因素和水流分析而设定。根据不同的水质和土壤环境种植了乡土植被（主要采用播种的方式）。这些梯田状栖息地减缓了水流，同时水中过盛的营养物质成为微生物和植物生长所需的养分来源，从而加快了水体营养物质的去除。

建设前 建设后 建设前 建设后

建设前 建设后 建设前 建设后

场地原貌鸟瞰图
建设前后场地景观照片对比

（3）人行道和自行车道沿着水系铺展，在湿地梯田之间形成网络。设有大量座椅、凉亭和观光塔的休息平台融入设计的自然系统中，便于所有人进入，促进了学习、娱乐和景观审美体验。并设计了一个环境解说系统以帮助游客理解这些地方的自然和文化含义。场地中最具标志性的建筑物是暖色的彩虹桥，它与当地常见的凉爽湿润天气形成对比。这座长堤连接中心湿地（湖）的三岸，创造出令人难忘的散步及聚会的舒适环境。这里迅速成为备受当地民众和远近游客喜爱的社交和休闲场所。

结论

通过这些景观技术，衰退的水系统和城市周边的废弃地被成功转变为高效能、低维护的城市前厅。它巧妙地调蓄雨水、净化地表污水、修复原生栖息地，并吸引了广大的居民和游客。2013 年明湖湿地公园被官方指定为"中国国家级湿地公园"。

项目地点： 山东省，东营市
设计单位： 艾奕康（AECOM）公司
委托客户： 东营市河口区湖滨新区开发建设管理办公室
项目面积： 97 公顷
摄影师： 艾奕康（AECOM）公司

东营市河口区湖滨新区鸣翠湖景观设计

东营市河口区位于山东省东北部，渤海湾南部，是黄河三角洲的前沿城市。黄河三角洲地带，是世界上土地面积自然增长最快的湿地，目前其仍以每年 31.3 平方千米的速度创造新的湿地。

这块由黄河泥沙堆积出来的年轻土地，位处环西太平洋鸟类迁徙的咽喉要道，为每年约 296 个不同品种的 5,800,000 只长途迁徙鸟类提供补给、过冬和繁育的场所。

然而，自然环境对这里的开拓者来说又是极具挑战性的，除了少数碱蓬、芦苇等极耐盐碱的植物能在此存活外，其他植物必须在土壤去盐碱化后方能生存。

从 2011 年起，河口区政府依据以上情况全面展开新城建设规划，同时鸣翠湖所在位置将由原来的城市边缘地带，一跃而成为连接新城、老城以及自然环境的枢纽。艾奕康（AECOM）公司被委托提供鸣翠湖湖滨全部 97 公顷的开发区域的景观概念设计，以及其中 59.3 公顷的区域提供方案设计深化。

在这块现状以一个农用水库和一片废弃的临湖公园构成的开放空间上，将不仅沿袭老城的石油发展的印记，更将承载新城发展的希望，如同西湖之于杭州般，成为未来河口区的新核心。

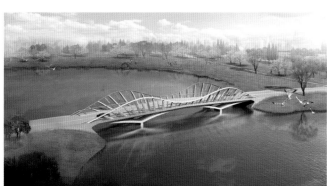

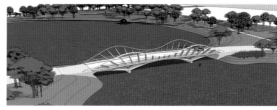

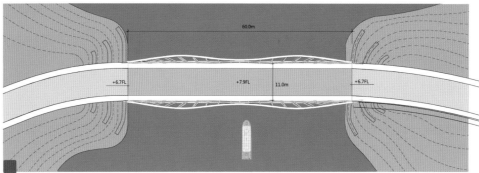

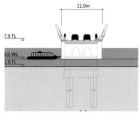

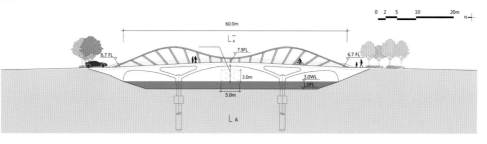

车行桥

桥梁设计

当设计师首次踏勘现场时，站在盐碱化的贫瘠土地上，环顾湖区熙攘成群的卡车正在转移拆除旧水库的土方，东侧不远处是老城的建筑群，西侧界面约 40 米宽的成年杨树防风林延伸到数千米外的远方，头顶却时而飞过正在觅食或是寻找落脚点的候鸟。

设计师和业主不禁开始思考同一个问题，在这样一个机遇和挑战并存的生态基底之上，如何打造未来的城市核心？如何在湿地和城市建设中实现可持续发展？如何实现人与自然的和谐共处？

通过对基地的深入调研和分析后，设计师在规划上将城市景观纳入整体生态系统格局中，成为自然系统中的有机组成部分，力图促进生态环境与城市宜居环境协同发展。在提供市民高品质滨水休憩空间的同时，保障一定规模无人类干扰的生物栖息地。因此，在规划布局上，将湖区划分为两大部分，近城市的东北侧沿岸打造为城市型水岸空间，近自然的西南侧湖区以营造鸟类栖息地的生态保育环境为主。两者之间渐渐过渡，并以环湖慢行系统连接。

增加使用者滨水活动的机会
充分利用滨水机遇，通过拉长岸线，丰富驳岸类型，建设环湖步道、亲水岸线、健身岛、长堤，提供多样化的游憩体验，满足使用者回归自然的需求。

倡导低碳游园方式，打造全园慢行系统
慢行系统规划中考虑串联全园的主要节点，衔接城市慢行系统，建设健身步道、自行车道、游步道等低碳或零碳交通方式，水上电动巴士、电动游船等水上交通方式，丰富水上游园体验。

设计语言沿袭当地石油历史印记
东营拥有中国第二大石油工业基地——胜利油田，石油不仅滋养了东营的经济，更成为当地独特的历史印记。鸣翠湖景观小品、构架、灯具的设计采用"石油文化"作为设计语言，传承场地精神。

土壤盐碱化修复
针对基地土壤盐碱化现状，综合采用生物修复措施和物理结合水力修复措施，提升植物多样性，对盐碱化土壤实施长期修复。

多元生境及鸟类栖息地营造
通过对场地现存有价值植被的保护，以此为基础营造多元生境，提升场地生物栖息条件，提高植物与动物多样性。结合区域典型候鸟品种的行为偏好，布局九个大小不一的岛屿群，吸引候鸟停驻，打造城市中的鸟类栖息地。

手绘图

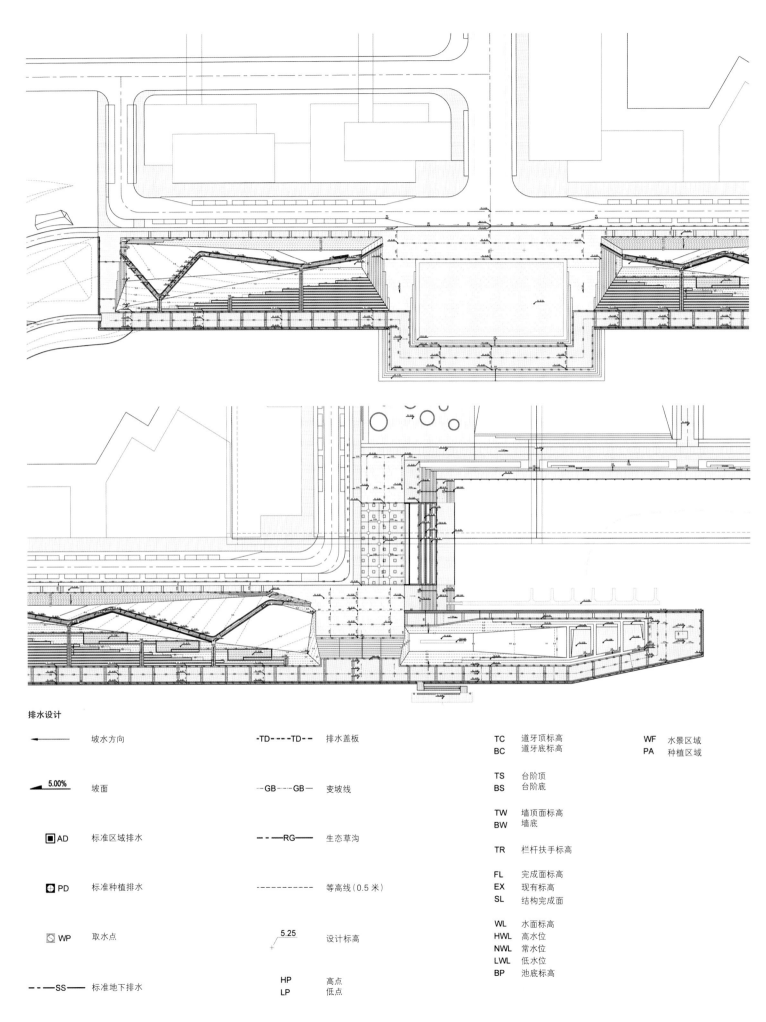

排水设计

符号	说明	符号	说明	代码	说明	代码	说明
→	坡水方向	‑TD‑‑‑‑TD‑‑	排水盖板	TC BC	道牙顶标高 道牙底标高	WF PA	水景区域 种植区域
5.00%	坡面	‑‑GB‑‑‑GB‑	变坡线	TS BS	台阶顶 台阶底		
AD	标准区域排水	‑‑‑RG‑‑‑	生态草沟	TW BW	墙顶面标高 墙底		
PD	标准种植排水	‑‑‑‑‑‑‑‑	等高线（0.5米）	TR	栏杆扶手标高		
WP	取水点	5.25	设计标高	FL EX SL	完成面标高 现有标高 结构完成面		
‑‑‑SS‑‑‑	标准地下排水	HP LP	高点 低点	WL HWL NWL LWL BP	水面标高 高水位 常水位 低水位 池底标高		

项目地点： 山东省，济宁市
设计单位： 艾奕康（AECOM）公司
项目面积： 40平方千米
摄影师： 艾奕康（AECOM）公司

微山湖湿地公园

微山湖湿地环绕了老城区和南部新城的东西南三面，几条内河将城市和周边湿地连接起来，南部新城公共空间现状场地内以杨树林和荷田为主，核心景观区存在大面积的采煤塌陷区。现有微山湖湿地的生态环境完整，自然条件丰富，景观资源多样化，包括湿地景观、河流景观、森林景观、农业景观以及村庄景观。

整体打造微山湖湿地公园将有利于资源保护和城市总体建设；将南部新城定义为"湿地城市"，更能体现资源特色和空间形象。通过对现有水系、林地、湿地等资源的保护、改善，结合现有的景观资源，建立完善的公共空间体系和绿色基础设施；同时根据塌陷区的状态，在进行生态修复的同时，打造可持续的生态景观。

作为一个定义为荷韵渔乡的生态项目，微山湖湿地公园将生态旅游和湿地保护相协调，进行了湿地科普启发教育，通过一系列设计手法实现了生态功能与景观的完美结合：采用低影响的设计策略，运用低碳可持续设计理念，修复与构建完整的生态系统；通过生态敏感性分析确定保护框架和承载容量，研究区域生态旅游的发展潜力，建立生态旅游、人文资源及科普教育的发展模式和战略框架；通过经济市场策略突出生态品牌和影响力，并带动周边区域的旅游资源和其他经济的再发展；同时尊重当地历史文化，使之与城市改造和谐发展。

水文条件受微山湖水域影响，洪水位较高且高低水位落差较大。水系设计将防洪安全作为基础，以通畅水系为目

总平面图
1. 主入口游客中心
2. 服务管理设施
3. 农田景观、林地景观
4. 人造湿地区
5. 天然湿地区
6. 湿地鱼塘

标：利用现状鱼塘沟渠构建基地水系网络，引入外部活水水源加强与外部水系的贯通；净水湿地优化了基地水系的进出水水质，并通过地表径流的最优化管理来控制基地水系汇水区潜在径流的污染。通过修复延伸至南部新城的 6 条河流，满足防洪排涝功能并增加连通性，不仅实现了景观价值的提升和公共空间体系的完善，同时有利于构建有机的城市生态网络。

在污染风险区有针对性地设置湿地净化系统，根据场地水位条件的不同，采用本土湿地物种营造科学合理、结构丰富的湿地植被，实现最佳的水质净化和独特湿地景观效果。在南部新城东侧塌陷影响区，结合现状与规划地势营造净水花园，循环处理白鹭湖湖水，将湖水引入净水花园，通过沉淀、曝气、植物净化等一系列生态处理，实现水质净化。

动物栖息地的维护与优化是湿地公园营造中不可缺少的重要环节。采用生态量化手段，在景区内实施了核心动物栖息地和局部动物歇脚点的网络式平面布局设计。

同时还通过场地内以林地生境、农田生境、湿地生境为代表的多元生境营造，完善场地水生和陆生生态系统。不同生长型植被所组成的陆地绿地系统，和以不同水深场地构成的湿地系统，将分别吸引亲陆性动物和亲水性动物出现，优化了场地生机盎然的景象和生态教育价值。在南部新城基地内布置的多级生态跳板和多级生态通廊，和周边湿地连通，共同构成城市生态绿网。

项目严格控制湿地公园内的车流，尽量使用现有道路，并将其与主要游览区和保护区分开，减少对栖息地的干扰。交通系统主要分为机动车道、非机动车道、水运交通及步道四类。道路系统和水运系统形成两个环路，实现多种交通方式的相互转换，有效连通了湿地公园以及南部新城。

整个项目尽量采用当地的绿色材料，为了不影响周边的环境，湿地公园的观鸟长廊以及穿越湿地的木栈道采用了架空的钢木轻型结构。场地中需要改造的软质驳岸采用了现场需要移栽的柳条和杨树木桩建造而成，沿着杨树桩编织的柳条在次年春季开始发芽，牢牢地固定住周边的土壤。电动车道以及主要步道采用了透水的砾石路面。

针对南部新城基地的不同塌陷区状态，规划采取了不同的安全策略，融入动态规划理念，合理营造弹性绿地体系，分阶段修复和改善生态环境。场地内塌陷影响区有机会营造包含湿地、残林、滨岸林及水面的特殊景观，在统筹兼顾安全的基础上，提升了场地的生态景观风貌。

微山湖湿地和南部新城的案例在资源保护与开发的平衡方面提供了一种解决途径，不仅有效保护湿地净化水质，完善了休闲服务设施，提供科普教育和生态旅游，同时通过连通南部新城的水系和生态廊道，将湿地延伸至城市的公共空间。整个南部新城不仅被周边湿地环绕，也受益于良好的生态环境，成为具有自然特色的"湿地之城"。

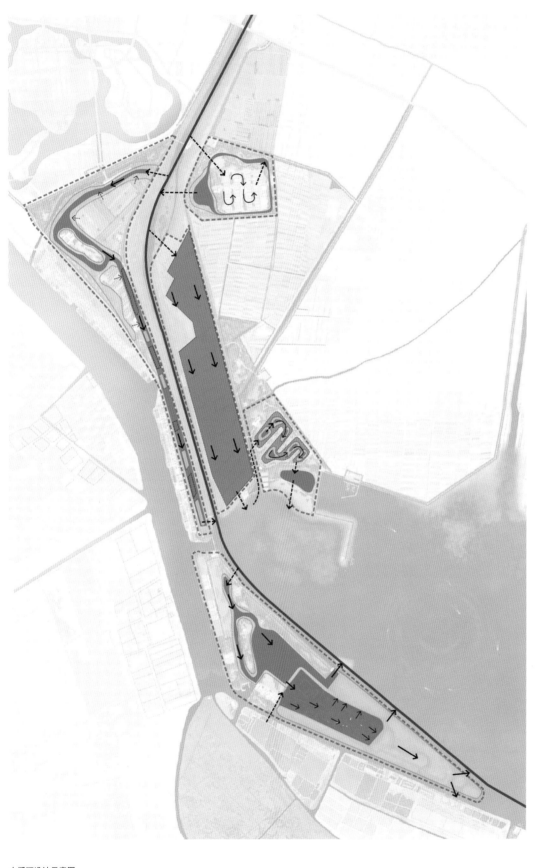

水循环设计示意图

索　引

T

TLS 景观建筑

土人设计

W

王和祁（北京）建筑景观设计有限公司

Y

一方国际

Z

张唐景观

佐佐木景观事务所

图书在版编目（CIP）数据

生态中国 : 海绵城市设计 / 许浩编 . — 沈阳 : 辽宁科学技术出版社，2019.8
ISBN 978-7-5591-1189-0

Ⅰ．①生… Ⅱ．①许… Ⅲ．①城市规划－建筑设计－中国 Ⅳ．① TU984.2

中国版本图书馆 CIP 数据核字（2019）第 091742 号

出版发行：辽宁科学技术出版社
　　　　　（地址：沈阳市和平区十一纬路 25 号　邮编：110003）
印　刷　者：上海利丰雅高印刷有限公司
经　销　者：各地新华书店
幅面尺寸：225mm×285mm
印　　张：17
插　　页：4
字　　数：350 千字
出版时间：2019 年 8 月第 1 版
印刷时间：2019 年 8 月第 1 次印刷
责任编辑：杜丙旭　李　红
封面设计：郭芷夷
版式设计：吴　杨　郝嘉徵
责任校对：周　文

书　　号：ISBN 978-7-5591-1189-0
定　　价：288.00 元

编辑电话：024-23280070
邮购热线：024-23284502
E-mail: manylh@163.com
http://www.lnkj.com.cn